018

ZHI
CHINA

知中

ISSUE

All About Hotpot!

关于 火锅 的一切！

大满足！
人文知识与实用指南
并重的火锅宝典

中信出版集团 | 北京

图书在版编目（CIP）数据

知中·关于火锅的一切！/ 罗威尔主编. -- 北京：
中信出版社, 2019.4（2022.1重印）
ISBN 978-7-5086-9751-2

Ⅰ.①知… Ⅱ.①罗… Ⅲ.①火锅菜－介绍－中国
Ⅳ.①TS972.129.1

中国版本图书馆CIP数据核字(2018)第260114号

知中·关于火锅的一切！

主　　编：罗威尔
出版发行：中信出版集团股份有限公司
　　　　（北京市朝阳区惠新东街甲4号富盛大厦2座　邮编 100029）
承 印 者：北京联兴盛业印刷股份有限公司

开　　本：787mm×1092mm 1/16　　　印　　张：12.5
字　　数：200千字　　　　　　　　　　插　　页：8
版　　次：2019年4月第1版　　　　　　印　　次：2022年1月第4次印刷
广告经营许可证：京朝工商广字第8087号
书　　号：ISBN 978-7-5086-9751-2
定　　价：69.80元

ZHI
CHINA

知
中

ZHI CHINA

知
中

知中

关于火锅的一切！

出版人 & 总经理
苏静
Publisher & General Manager
Johnny Su

主编
罗威尔
Chief Editor
Lowell

艺术指导
汉堡
Art Director
Ariyamadisco

内容监制
陆沉
Content Producer
Yuki

编辑
王紫 / 卜憧 / 谢远琨 / 闫潇怡 /
元美 / 陈宝心
Editors
Wang Zi/Bu Cong/Xie Yuankun/
Yan Xiaoyi/Yuan Mei/ Chen Baoxin

特约撰稿人
刘天宇 / 邓频 / 刘一晨 / 岑汐 / 林若羽 / 德根 / 黄佩婷 / 谢阳 / 布鲁 / 刘晓希 / 徐一丹 / 周诗萌
Correspondent
Liu Tianyu/Deng Pin/Liu Yichen/Cen Xi/Lin Ruoyu/Degen/Huang Peiting /Xie Yang/Blue/Liu Xiaoxi/Xu Yidan/Zhou Shimeng

插画师
刘佩佩 /DOUNAI/Ricky/ 李俊瑶 /
周若伊曼 / 黄梦真
Illustrators
Liu Peipei/DOUNAI /Ricky/Li Junyao/Zhou Ruoyiman/Huang Mengzhen

摄影师
黄梦真 / 吴霜 / 卢旭丹 / 意匠 / 夏亦珺
Photographers
Huang Mengzhen/Wu Shuang/Lu Xudan/Ideasboom/Xia Yijun

策划编辑
蒋蕾 / 苏静
Acquisitions Editor
Jiang Lei/Johnny Su

责任编辑
叶扬斌
Responsible Editor
Ye Yangbin

营销编辑
刘姿婵 / 叶扬斌
PR Manager
Liu Zichan/Ye Yangbin

平面设计
汉堡
Graphic Design
Ariyamadisco

联系我们
zhichina@foxmail.com

发行支持
中信出版集团股份有限公司，北京市朝阳区惠新东街甲 4 号，富盛大厦 2 座，100029

特别协力 /Support

彬歌
纪录片《川味》导演

陈小淮
潮汕牛肉丸手艺人

陈振声
北京官也街澳门火锅创始人

Jacky
"东莞美食大搜罗"美食顾问

潘魏彬
松记清水火锅主理人

潘其君
松记清水火锅主理人

宋军
北京老门框爆肚涮肉第四代传承人

王雷
汕头八合里海记牛肉店出品总监

汪小东
水八块鲜毛肚火锅创始人

杨顺康
重庆火尧火锅主理人

曾佩涵
重庆二火锅主理人

赵拓
川西坝子火锅运营总监

郑守强
川西坝子火锅行政总厨

微博账号
@ 知中 ZHICHINA

微信账号
ZHICHINA2017

ZHI
CHINA

Words of Editor
编 辑 的 话

陆沉

　　这本特集，应该是目前为止"知中"系列中与大家的生活最贴近的一本。茶虽然也很日常，但与火锅还稍有不同。茶有粗有雅，有的人说自己"不会喝茶"，一个"会"字足见距离，但没人说自己"不会吃火锅"。火锅两个字看着就有烟火气，要不能吃个热火朝天可能还觉得不够痛快。

　　在知中编辑部，我就是一个有名的"火锅狂"，不管外食还是自制，不管夏天还是冬天，总之每周都得吃上一两顿不可。在国外，大部分中餐都不那么正宗，可火锅总不会差得太多。而大部分留学生的行李箱里，可能都偷藏过那么几包火锅底料。人们庆祝时要吃热热闹闹的火锅助兴；难过时，也要一顿暖暖的火锅来治愈。甚至我还听说少女们在演唱会结束后也总"约定俗成"地要和姐妹来一顿深夜火锅，这次"行程"才算圆满。

　　每个人都有关于火锅的独家记忆，它是一种特色饮食，是一种烹饪手法，同时也是一种人们与他人、与自己相处的绝佳方式，再往大里说，它还是各个地方历史风俗的某种写照。它的出现可能不那么讲究，但会吃的人，还真渐渐吃出不少门道来。为了让大家更懂火锅，

我们四处寻找热爱着火锅的人们，去跟各种火锅店的老手艺人、创始人、美食评论者、厨师长聊天，了解不同种类的火锅历史、特色、锅具、汤底、食材、调料、烹煮时间。吃起来简单的火锅背后的功夫可不简单，底料的炒制，牛羊的选择，甚至连烧汤的水都有点儿讲究。而流水线上生产的火锅底料，更使火锅成为"品控"超强的一种料理，这样的标准化和工业感，赋予了这种食物别样的气质。也正因如此，去年春天某日，与主编聊起选题时，我们不约而同想到了"火锅"。在那么多可能的"下一本"里，同时把它放在了第一序列，这样的巧合还真奇妙。

　　提笔写"卷首语"，便说明这本特集的工作已经进入最后阶段。做每一本特集都会遇上不同的问题，这本也一样，而个中详情便不足为外人道了。在生活里，问题是常态，能解决问题的人才能成长。人们不是说吗：没有什么是一顿火锅解决不了的，如果有，那就两顿！做着火锅特集的我们更没亏待自己。现在火锅特集终于顺利完成，编辑部也准备来一顿好好庆祝一下。你呢？

关于火锅的一切!

ALL
ABOUT
HOTPOT!

ISSUE

知

特集

火锅简史

文：周诗萌　编：陆沉　绘：Ricky
text: Zhou Shimeng　edit: Yuki　illustrate: Ricky

The
Brief
History
of
Hotpot

100万年前：
人类学会使用火。

公元前140年：
张骞出使西域，开辟"丝绸之路"，将大蒜、芝麻、胡麻、胡椒等如今火锅必不可少的调味料带回了中原。

1368年—1644年：
明朝时，辣椒传入中国，又称为"番椒"，成为传入中国最晚但使用范围最广的辛味香料。

1600年—1700年：
重庆朝天门码头的　　倒入锅中，加入辣椒　　饱腹，二来驱寒、　　麻辣毛肚火锅。

约5000年前：
玛雅人开始吃辣椒。

约1万年前：
新石器时代，人们开始
使用简陋的陶质锅。

公元前10
西周时斯
分化，出
乍井姬鼎

187年—226年：
曹丕用隔板将锅分成五
"五熟釜"。

纤夫们爱上了一种粗放的餐饮方式——将内脏洗净后
椒、花椒、姜、蒜、盐等辛辣之物，煮而食之，一来
去湿，久而久之，就成了重庆最早的也是最有名气的

公元前239年:
"中华厨祖"伊尹赞叹火锅
"鼎中之变，精妙微纤，口弗
能言"。

46年—公元前771年:
青铜器被广泛应用，中国宴席等级
现了供贵族单人使用的方鼎，"白
"就是最早的"小火锅"。

公元前206年—公元前202年:
秦汉时期"濯"的烹饪方式流行起
来，就是将猪肉、鸡肉等在沸水中
稍煮一下。

1127年:
火锅走向劳动人民
的新方式——"涮
今。

618年—907年:
唐代"暖锅"一词出现。

，发明了

960年—1127年:
由于把食物投入火锅的水中会发出
"咕咚"声，北宋时人们将火锅称为
"谷董羹"。

1127年—1276年
南宋泉州人林洪
载了"拨霞供"
雪"的火锅传说。

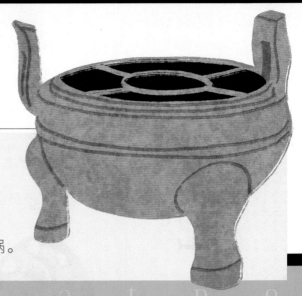

公元前202年—公元8年：
西汉江都王刘非使用"分格鼎"吃火锅。

，他们解锁了吃火锅
"。涮食法被沿用至

1206年—1368年：
传说忽必烈在行军过程中发明了
涮羊肉。

：
在《山家清供》中记
这一最为"阳春白

1779年：
乾隆皇帝一个月的御膳记录里，记载了
鸡鸭火锅、全羊火锅等23种类型各异的
火锅，可见乾隆皇帝几乎天天离不开火
锅。

1796年：
嘉庆皇帝登基，乾隆退位作为太上
皇，第二次在紫禁城举办"千叟
宴"，5000多位古稀老人一同吃火
锅，可谓历史上最盛大的火锅宴席。

文：王紫 编：陆沉 绘：DOUNAI
text: Wang Zi edit: Yuki illustrate: DOUNAI

胡赳赳
作家，著名媒体人，
曾任《新周刊》副主编、总主笔

李诞
作家、编剧、脱口秀演员

你最喜爱的火锅种类和食材是什么？
重庆南山的火锅。爱吃海带、豆腐。

在你看来，火锅为什么这么受欢迎？
刺激味蕾。所有食材放在一个锅里涮，有世界
大同的味道。

你吃火锅有什么特别嗜好吗？
放香油、蒜末。

可以分享一件与火锅相关的经历吗？
上大学时，肚子里没油水，配菜一下锅，还没
熟就吃光了。

给我们推荐一家你喜欢的火锅店吧。
北京的黄门老灶火锅。朋友开的。

你最喜爱的火锅种类和食材是什么？
潮汕牛肉火锅。吊龙。

在你看来，火锅为什么这么受欢迎？
吃火锅菜不会冷，给了人们"在座各位的感情
也不会冷"的幻觉。

你吃火锅有什么特别嗜好吗？
每次都会点份青菜，但几乎每次都不吃，算特
别吗？感觉很多人都会这样。

可以分享一件与火锅相关的经历吗？
我非常爱看杜琪峰的电影，怀疑自己就是因为
《PTU》的开头爱上吃潮汕火锅的。每年都会重
看《PTU》，每次看之前一定会把火锅支好，不
然会馋崩溃。

给我们推荐一家你喜欢的火锅店吧。
不想推荐呀，我怕排队，你们都去了我可咋整，
抱歉抱歉。

闻佳
"艾格吃饱了"品牌创始人，餐馆控

你最喜欢的火锅种类和食材是什么？

这对我来说很难取舍。

平时待在上海，我会去一家台湾人开的清汤小火锅店吃，一个人一小口锅的那种。汤底要清鸡汤，加一点菌菇，点两听台湾啤酒，一听倒进锅去一起煮，另一听当然是要冰的，一边涮小火锅一边喝。锅里有鸡汤、菌菇、啤酒，一定要打个生鸡蛋进去，在煮蛋的时候顺时针搅一会儿，做成溏心水波蛋。后面就可以加各种小海鲜来涮了，弹牙的新鲜小鱿鱼卷、清甜的草虾、多汁鲜美的花蛤……

港式火锅的鸡汤底我也很喜欢。港式火锅是丰俭由人的，可以加贵价海鲜，比如龙虾、象拔蚌，也可以涮些普通食材。我很喜欢在港式火锅里涮新鲜的西洋菜，真的很清甜。有时在上海的港式火锅店能吃到西洋菜猪肉馅的大馄饨，也很棒。

秋冬的时候，是值得为了北京的涮羊肉火锅专门飞一次的。铜锅、清水、手切羊肉、麻酱小料、北京天高云淡的秋天……想来就是一幅美好的画卷。

最后说重庆火锅吧，九宫格，牛油底，我喜欢点黄喉、毛肚和鸭肠，油碟里加蒜泥，一定再配上红糖糍粑和红糖冰粉，再来瓶唯怡豆奶，解辣，停不下来。

在你看来，火锅为什么这么受欢迎？

因为它是能让人分享的食物吧。几个朋友坐在火锅前，一边涮着食物一边聊天，热气腾腾，想象一下就开心。但我也希望能有更多好吃的小火锅店。一个人加完班，能一边看手机一边吃小火锅，恢复元气。

你吃火锅有什么特别的嗜好吗？

惭愧，我是个锅底"原教旨主义者"……集中表现就是重庆火锅只点九宫格不点鸳鸯，哪怕我不那么能吃辣。不是有油碟吗？涮好的食物在麻油里"洗洗"就好嘛。除了牛油锅底，一般我就点清鸡汤锅底。但这样的话，食材就得很好了。

可以分享一件与火锅相关的经历吗？

倒没有什么特别的经历……不过我路过火锅店会在门口闻味道，如果有攻击性很强的香辣味，我就不会进去了，那通常是飘香剂的味道。同理，好吃的火锅店，吃完后头发和衣服上一般也不会有经久不散的香辣味。有例外吗？我不知道，也许真有真材实料的店，可惜店内通风不太好呢。

给我们推荐一家你喜欢的火锅店吧。

上海的话，我推荐之前说的那家台湾人开的小火锅店，叫齐民市集。他们的锅底、食材和调料都比较本味，不以添加剂增味提香。下班之后去吃一下，清爽不腻，感觉没什么负担。缺点是店里所有麻辣口味的锅底、调料和食物口味都不那么鲜明，倒不是因为无添加剂的缘故，而是因为他们师傅不太懂那一带的调味方式吧。

莫西子诗
音乐人，歌手

你最喜爱的火锅种类和食材是什么？

菌子火锅。各种各样的蘑菇，比如鸡枞、松茸、牛肝菌、竹荪、青头菌……好像一说蘑菇就停不下来。再加上土鸡和各种各样的蔬菜，感觉舌头都要被掳走了，要多销魂就有多销魂。

在你看来，火锅为什么这么受欢迎？

可能是大家能够围着一个锅，一边烫菜一边聊点家常，大家都很放松，吃火锅是亲友间联络感情的好方法。

你吃火锅有什么特别嗜好吗？

辣。

可以分享一件与火锅相关的经历吗？

第一次吃火锅，以为里面的东西都是吃的，结果把里面的一种用来做调料的果子给吃了，然后心想这东西怎么不好吃啊，却默默地吃掉了。后来才知道那是用来做香料的，比较尴尬。

给我们推荐一家你喜欢的火锅店吧。

广州有家"探窝汤物料理"。感觉比较重口的火锅现在对自己没有太大诱惑力了。每次去广州我都会去吃这家椰子鸡火锅，因为底料是椰子汤，不那么重口。它的食材还有酸辣的蘸水，让人赞叹不已。还有我老家西昌有家"果果果汁铜火锅"，食材都是老板娘亲自去市场选的，调料也是自己研制的，吃起来也是特别销魂。而且这个火锅，吃了身上不会有味道。

喜琳
旅行美食撰稿人

你最喜爱的火锅种类和食材是什么？

铜炉火锅。冻豆腐。

在你看来，火锅为什么这么广受欢迎？

门槛极低，基本上会烧开水、会洗菜就具备做火锅的核心技能了，如果碰巧还会一些入门级的烹调技能，简简单单就能享用到美味。

你吃火锅有什么特别嗜好吗？

调味碟里加醋。或者夏天最好在没空调的情况下吃火锅，吃到痛快淋漓。

可以分享一件与火锅相关的经历吗？

刚工作那年冬天，有天下班很晚也很冷，回到宿舍还没吃东西，现在的先生那会儿还是男朋友，搬了电饭煲出来，冰箱里还有半包火锅料，我们把能找到的食材都放进去煮了，至今回忆起来都还很暖。

给我们推荐一家你喜欢的火锅店吧。

特别喜欢的火锅店我还没有遇到。最近比较常去的是"温野菜"，比较适合家里小朋友的口味，豆乳汤底清淡，各种食材煮一煮就能吃下不少。

曹丕
魏文帝，三国时期著名的政治家、文学家

昔有黄三鼎，周之九宝，咸以一体使调一味，岂若斯釜五味时芳？盖鼎之烹饪，以飨上帝，以养圣贤，昭德祈福，莫斯之美。——《三国志》

李东阳
明代内阁首辅大臣

茅柴火底春风软，谷董羹中滋味长。
——《谢邵地官汝学馈陶鼎次韵》

袁枚
清代诗人、散文家、文学评论家、美食家

冬日宴客，惯用火锅，对客喧腾，已属可厌；且各菜之味，有一定火候，宜文宜武，宜撤宜添，瞬息难差。今一例以火逼之，其味尚可问哉？近人用烧酒代炭，以为得计，而不知物经多滚总能变味。或问：菜冷奈何？曰：以起锅滚热之菜，不使客登时食尽，而尚能留之以至于冷，则其味之恶劣可知矣。——《随园食单·戒单》

苏轼
北宋文学家、书画家、美食家

罗浮颖老取凡饮食杂烹之，名谷董羹。——《仇池笔记》

林洪
南宋词人

山间只用薄批，酒酱椒料沃之，以风炉安座上，用水少半铫。候汤响一杯后，各分以箸，令自筴入汤、摆熟、啖之，乃随宜各以计供。——《山家清供》

徐珂
清代文学家

京师冬日，酒家沽饮，案辄有一小釜，沃汤其中，炽火于下，盘置鸡鱼羊豕之肉片，俾客自投之，俟熟而食。
——《清稗类钞》

范成大
南宋名臣、文学家、诗人

毡芋凝酥敌少城，土薯割玉胜南京。合和二物归藜糁，新法依家谷董羹。
——《素羹》

乾隆
清高宗

一日早膳有山药豆腐羹热锅一品、福隆安进杂烩热锅一品；一日晚膳有燕窝烩五香鸭子热锅一品、燕窝肥鸡雏野鸡热锅。——《照常膳底》

金易
清代宫女

从十月十五起，每顿饭添锅子，有什锦锅、涮羊肉，东北的习惯爱吃酸菜、血肠、白肉、白片鸡、切肚混在一起。我们吃这种锅子的时候多。
——《宫女谈往录》

朱自清
现代散文家、诗人、学者

说起冬天,忽然想到豆腐。是一"小洋锅"(铝锅)白水煮豆腐,热腾腾的。水滚着,像好些鱼眼睛,一小块豆腐养在里面,嫩而滑,仿佛反穿的白狐大衣。

锅在"洋炉子"上,和炉子都熏得乌黑乌黑,越显出豆腐的白。这是晚上,屋子老了,虽点着"洋灯",也还是阴暗。围着桌子坐的是父亲跟我们哥儿三个。"洋炉子"太高了,父亲得常常站起来,微微地仰着脸,觑着眼睛,从氤氲的热气里伸进筷子,夹起豆腐,一一地放在我们的酱油碟里。我们有时也自己动手,但炉子实在太高了,总还是坐享其成的多。

这并不是吃饭,只是玩儿。父亲说晚上冷,吃了大家暖和些。我们都喜欢这种白水豆腐,一上桌就眼巴巴望着那锅,等着那热气,等着热气里从父亲筷子上掉下来的豆腐。——《冬天》

唐鲁孙
当代作家

北平最著名卖涮锅子的东来顺、西来顺、同和轩、两益轩几家教门馆子,扇好锅子端上来,往锅子里撒上葱姜末、冬菇口蘑丝,名为起鲜,其实还不是白水一泓。所以吃锅子点酒菜时,一定要点个卤鸡冻,堂倌一瞧就知道您是行家,喝完酒把鸡冻往锅子里一倒,清水就变成鸡汤了。——《岁寒围炉话火锅》

周作人
现当代作家

乡下冬天食桌上常用暖锅,普通家庭也不能每天都用,但有什么事情的时候,如祭祖及过年差不多一定使用的。一桌"十碗头"里面第一碗必是三鲜,用暖锅时便把这一种装入,大概主要的是鱼圆肉饼子,海参、粉条、白菜垫底,外加鸡蛋糕和笋片。别时候倒也罢了,阴历正月"拜坟岁"时实在最为必要,坐上两三小时的船,到了坟头在寒风上行了礼,回到船上来虽然饭和酒是热的,菜却是冰凉,中间摆上一个火锅,不但锅里的东西热气腾腾,各人还将扣肉、扣鸡以及底下的芋艿、金针菜之类都加了进去,"咕嘟"一会儿之后,变成一大锅大杂烩,又热又好吃,比平常一碗碗地单独吃要好得多。——《暖锅》

汪曾祺
当代散文家、戏剧家、小说家

白肉火锅是东北菜。其特点是肉片极薄,是把大块肉冻实了,用刨子刨出来的,故入锅一涮就熟,很嫩。白肉火锅用海蛎子(蚝)作锅底,加酸菜。
——《肉食者不鄙》

池波正太郎
当代日本作家

寒意从打开的纸门处阵阵袭来,让火锅尝起来更是加倍地温暖。公园里传来此起彼落的鹿鸣声,只因这个时节刚好是奈良鹿们求爱的季节。突然,从纸门另一头,一只看起来精壮有力的公鹿从围篱边探过身来。

易中天
当代作家、学者

火锅不仅是一种烹饪方式,也是一种用餐方式;不仅是一种饮食方式,也是一种文化模式。——《餐桌上的文化》

火锅 奇妙食材 小辞典

Dictionary of Fantastic Food Material in Hotpot

文字: 欢林　text: Green
编: 陈沉　edit: Yuki
绘: 周吉伊曼　illustrate: Zhou Ruoyiman

【黄喉】

常见于重庆火锅。虽然带一个"喉"字，实际上和喉部并没有关系。它的学名叫主动脉弓，即是猪、牛等家畜心室室出来的大动脉血管，属蛋白质。涮食口感爽脆。

【羊上脑】

羊上脑跟羊脑并没有直接联系，而是羊位于脖子脖颈后，脊骨两侧，接近头部的部位。肉质细嫩，脂肪均匀。在涮羊肉时羊上脑是最受欢迎的部位之一。

【冒节子】

其实就是猪小肠，和猪大肠比起来皮更脆，油更少。因为是被煮熟后再打成结的猪小肠，所以也被叫作结子。在火锅汤底里浸泡了汤汁后，汁厚味美。

【黄瓜条】

黄瓜条长在羊大腿和臀部，呈条状，包裹着股骨，一只羊身上就两条，口感脆，非常有特点。

【郡肝】

这是巴蜀地区特有的叫法，学名叫胗，如鸡胗、鸭胗等，是禽类进行消化的部位，吃起来口感脆爽。

【花枝丸】

花枝即墨鱼，故花枝丸是墨鱼丸的别称。墨鱼在下热水后自然卷曲成一朵花的样子，故得别称"花枝"。

【贡丸】

贡丸其实就是猪肉丸，原名叫"摃丸"。在闽南语中，"摃"是捶打的意思，猪肉丸是猪肉剁碎后经过捶打制成。

【虾滑】

虾滑是一种虾泥制品，主要材料是虾，辅料有肉、鱼类等。虾滑的做法是把虾肉去壳，通过上千次的捶打，使肉具有黏性，让其既保持了原有的营养成分，又具有了爽脆的口感。

【竹荪】

竹荪又名竹笙、竹参，是寄生在枯竹根部的一种隐花菌类，形状略似网状干白蛇皮，营养丰富，香味浓郁，滋味鲜美，被列为"草八珍"之一。

【千叶豆腐】

千叶豆腐原产自台湾。这种豆腐很薄，又因为呈现多层，所以当时叫叶豆腐，后被台湾厂商带到大陆。大陆厂商模仿原名另取名"千叶豆腐"，最后反而更加广泛流传。

【燕饺】

燕饺就是使用"燕皮"做的饺子。燕皮是一种福建小吃。制作时，取瘦肉用木锤子打成肉泥，打至纸片般薄，呈半透明状。一说"燕"字取自另一种瘦肉扁食"扁肉燕"。

【折耳根】

折耳根，学名蕺菜，又叫鱼腥草。西南地区有凉拌新鲜折耳根这样一道菜品，当地火锅也有投放折耳根的做法，因为它味道奇特，受固定人群的喜爱。

【蒟蒻】

俗称魔芋，是一种草本植物。用魔芋块茎淀粉生产的魔芋食品，从中国传至日本，成为日本民间极受欢迎的食物。

【五指毛桃】

五指毛桃属桑科植物，并不是桃，因其叶子长得像五指，并长有细毛，果实成熟时像毛桃而得名。它广泛分布在粤东梅州客家地区为主的山上，用其煲出来的汤有类似椰子的香气。

【毛肚】

毛肚，是指牛的瓣胃，俗称牛百叶。毛肚分两种，吃饲料长大的牛毛肚发黄，吃粮食庄稼长大的牛毛肚发黑。有时看到的白色毛肚是漂白过的，属于冷冻食品。

关于火锅的1切！

ALL ABOUT HOTPOT!

ISSUE

01

HotPot in Chinese History

中国历史上的火锅

Hotpot in Chinese History

文: 蘑菇 编: 歌林、陆沉 绘: 刘佩佩
text: Google edit: Green, Yuki illustrate: Liu Peipei

老舍曾说，吃是考察中国社会的一个可贵窗口。这个窗口可以揭示中国人的思想、道德和行为。在中国，没有什么饮食比火锅更能体现这片大地上人们骨子里的性情。一张桌上众口难调，火锅是最具包容性的选择。食客们既能集体围坐炉旁谈笑风生，又能将各人喜爱的食材下锅，各取所需。烟雾缭绕中，浮现的是红火、张罗、欢聚、人情味儿、人生百态。

"火锅不仅是一种烹饪方式，也是一种用餐方式；不仅是一种饮食方式，也是一种文化模式。"在学者易中天看来，"火锅最为直观地体现'在同一口锅里吃饭'这样一层深刻的意义"，但这种"共食"并不带有任何强制性。每个人喜爱的食物相互包容、圆融，正如中国人最爱的"和"字。"和"与"谐"不同。"谐"是所有人说同一句话，而"和"是每个人观点不同，但仍能求同存异，和平相处。这种东方人的社交哲学在火锅中体现得淋漓尽致。所以整个中华大地上，几乎无人不爱火锅。东三省的酸菜猪肉火

锅、北京的涮肉、重庆的麻辣火锅、云南的菌子火锅、贵州的酸汤火锅、潮汕的牛肉锅……在中国形形色色的饮食文化里，"火锅"并非家常必备菜肴，却是放之四海而皆准的美食元素。

在易中天看来，火锅代表的就是中国人的天下："火锅热，表示'亲热'；火锅圆，表示'团圆'；火锅用汤水处理原料，表示'以柔克刚'；火锅不拒荤腥，不嫌寒素，用料不分南北，调味不拒东西，表示'兼济天下'；火锅五味俱全，主料配料，味相渗透，又体现了一种'中和之美'。"火锅吃的不是锅

中食物，而是人情、血脉、依存、融合。人们对火锅的热爱也是中国式集体主义的缩影。

对火锅的这份痴迷并非当代中国人的专属情结，自古就有不少名流文豪、帝王将相对火锅痴迷不已。不少流传至今的美味火锅配方，也是出自他们之手。每一餐火锅都是一段故事，它不但满足了人们的口腹之欲，也见证了历史的翻滚沉浮。

你今天吃的"九宫格"竟是
皇帝们的功劳

刘非/曹丕

最早的火锅可追溯至新石器时代，那时的陶制"火锅"虽然简陋，但人们已经具备了对"火"和"同火而食"的认知。外出打猎的年轻人回来了，所有人围坐在火堆旁烹饪享用熟食。"共食"的形式给劳累了一天的人们带来了安全感与慰藉。而中国第一个将单口火锅改良成"鸳鸯锅"的人，不是外出劳作的平民百姓，而是西汉江都王刘非。在江苏大云山西汉墓中，曾出土了一件"分格鼎"。这件"分格鼎"

将一口鼎分割成若干个空间，可将不同的味道分隔开来。西汉江都王刘非的这一发明，可以说是"鸳鸯锅"和"九宫格"的前身了。

而与他的发明异曲同工的是魏文帝曹丕的创作。曹丕还是太子的时候，曾让人铸五熟釜赐予相国钟繇。据《三国志·魏书·钟繇、华欣、王朗传》记载，五熟釜由魏文帝曹丕亲自设计制作，用来宴请相国钟繇。五熟釜与分格鼎差不多，就是在锅里嵌入隔板，形成五个独立区域，每格加上不同的汤料。曹丕还写信给钟繇："昔有黄三鼎，周之九宝，咸以一体使调一味，岂若斯釜五味时芳？"意思就是，黄帝有三鼎，周代有九鼎，但都是一锅一个味儿，哪比得上我这个五味俱全？

不只热闹，火锅中也有阳春白雪

林洪/陶渊明/慈禧太后/胡适

火锅最雅致的故事，要数宋代词人林洪"雪中烹兔肉"的经历。他的著作《山家清供》专门记录考证了生长在山林田野中的蔬菜、水果、山禽、水族等主

要食材，并撰写了用料和烹制的方法，充满了文人墨客的山野情趣。

林洪在书中写道，他去武夷山拜访隐士止止师时，突然天降大雪，碰巧林洪抓到一只滚落山岩的野兔，于是想烤来吃。隐士止止师却教他在桌上放个生炭的小火炉，架上汤锅，把兔肉切成薄片涮着吃。蘸料用酒、酱、椒、桂调制。林洪吃了夸赞其甚为鲜美。当时，屋外大雪纷飞，三五好友围聚一堂，热气腾腾，谈笑风生，实在快活。于是他写下诗句："浪涌晴江雪，风翻照晚霞。"借由当时雪中红霞的光景，这道涮兔肉也有了一个食景双关的名字：拨霞供。后来，林洪在临安诗人杨泳斋家里也发现了同样的吃法。

还好，这阳春白雪的美味被流传了下来。有人认为，如今的"八生火锅"就是源于这道"拨霞供"。所谓"八生"，是指八种生鲜主料。诸如鸡脯肉、猪里脊肉、鲜虾肉、猪肚头、牛肚领、猪腰子、净鱼肉、鸭胗、鸭肝、鸡胗、鸡肝等，都可以作为主料使用，择其八种即可。若逢

"家家菊尽黄，梁国独如霜"的深秋季节，配以清香宜人的白菊花，则有"八生菊花涮锅"。席间食客亲手将薄如纸的主料在沸汤中涮透蘸食，佐料酸、辣、咸、鲜、香，可按照食客喜好自由调配。吃完主料，原汤下绿豆面条，带汤而食，情趣盎然。

说到菊花，江浙一带的"菊花暖锅"据说是由东晋诗人陶渊明首创的。每到秋天，陶渊明便"采菊东篱下"。有一年，陶渊明食火锅时忽发奇想：若将菊花瓣撒入火锅中，其味定然不错。于是他将庭院中盛开的白菊花剪下来，掰瓣洗净，投入火锅中，味道果然十分惊艳！从此，每逢菊花盛开的时节，陶渊明都以菊花火锅招待他的好友，菊花火锅就此传开了。

至清代，菊花火锅被慈禧太后列入冬令的御膳之中。慈禧太后为了保持她的青春年华和长生不老，下懿旨一道至御膳房，将"养生三宝"的人乳、珍珠和菊花作为她的特殊饮食。每至深秋初冬，御膳房每日都会采摘鲜白菊数朵，用明矾

水漂过，清水洗净，然后让慈禧用暖锅鸡汤涮而食之。

紫禁城八女官之一的德龄曾在《御香缥缈录》中记载，制作慈禧太后的菊花火锅，需先采下一种名唤雪球的白菊花。雪球的花瓣短而密，且非常洁净，特别宜于煮食，每次总是随采随吃的。采下之后，拣出焦黄或有污垢的花瓣丢掉，将剩下的浸在温水内洗一二十分钟，再放在已溶有稀矾的温水里漂洗，并于竹篮里沥净。

慈禧太后吃菊花火锅前，总是十分兴奋。开餐前，从御膳房端出的银质小暖锅里已盛着大半锅原汁鸡汤或肉汤，暖锅的盖子做得非常合缝，易于保温。此时慈禧太后座前已由管理膳食的大太监张德放好了一张比茶几略大的小餐桌，这桌子的中央有一个圆洞，恰好可以把暖锅安安稳稳地架在中间。和暖锅一起端出来的是几个浅浅的小碟子，里面盛着已去掉皮骨、切得很薄的生鱼片或生鸡片，外加少许酱醋。张德把暖锅的盖子揭起来，擎在手里候着，慈禧太后便亲自拣起几许鱼片或肉片投入汤内，张德忙将锅盖重复盖上。五六分钟后，张德又将盖子揭起，太后自己将菊花瓣抓一把投下去，接着仍把锅盖盖上，再等候五分钟，这一味特殊的食品便煮成了。每次揭锅盖投菊花的时候，慈禧总是住不住口地指挥着。鱼片在鸡汤里烫熟后的滋味已经鲜美可口，再加上菊花所透出来的清香，更是人间美味。"菊花暖锅"到了现代，则盛行于菊花高产的江浙一带了。

现代名人对吃火锅的认识则更加丰富了，学者胡适家的徽州火锅就是一绝。胡适是安徽绩溪县人，该地风俗，凡喜庆待客，最讲究的是不用大盘大碗，而只用一口大铁锅，锅里放宴客用的全部菜肴，边煮边吃。当年胡适任北大校长时，在家中常以此种"一品火锅"招待友人。一品火锅是用大号的铁锅将各类菜肴分铺七层：底层铺冬笋、萝卜、冬瓜等蔬菜；稍上一层是切成长条的半肥半瘦的猪肉；再上一层是油豆腐塞肉；第四层是蛋饺；第五层是红烧鸡块与鸭块；第六层是油煎豆腐；第七层是碧绿的菠菜或其他蔬菜。吃的时候先用猛火烧至汤沸，继而用火慢烧三四个小时，然后边烧边吃，逐层而吃，极富情趣。这是徽州人待客的上品，酒菜、饭菜、汤都在其中。

当年名作家梁实秋先生便在胡适家中吃过此种"一品火锅"。胡适与梁实秋是惺惺相惜的忘年交，梁实秋心高气傲，如果说他一生只崇拜一个人，那便是胡适。自从两人通过新思想杂志《新月》月刊结识后，梁实秋每次处于人生低谷，胡适都为他雪中送炭，还多次为梁实秋的学术事业精心提点。其中最重要的一次，便是胡适建议梁实秋翻译莎士比亚的作品，并以此为终身事业。历经近40年的耕耘，梁实秋终于完成了这一鸿篇巨制，《莎士比亚全集》也成就了他在文学上坚固的学术地位。这一成就，胡适功不可没。梁实秋曾写过一篇《胡适先生二三事》，其中写道："一只大铁锅，口径差不多有一英尺，热腾腾地端了上桌，里面还在滚沸，一层鸡，一层鸭，一层肉，点缀着一些蛋皮饺，紧底下是萝卜白菜。"这便是《新月》月刊同仁们到胡适家聚餐时，胡适和妻子招待客人的地道家乡菜。这一品火锅，在家中自己烹饪，虽朴实却是极品美味。"火锅"让人沉醉于舌尖的欢愉，又让心灵得以放松。"新月社"志同道合的好友团团围坐，这样的亲热、归属感与心灵慰藉，是应酬酒席上的华服美酒所无法企及的。

火锅天下：
打江山的是它，坐江山的还是它
忽必烈/乾隆

忽必烈和火锅的联系相当紧密。相传忽必烈在蒙古大军征战途中，见将士们思乡情切，为了鼓舞士气，他命厨子准备羊肉。正在这时，部队突然要开拔，整个军队的兵士饥肠辘辘。厨子情急中迅速把羊肉切成薄片，在锅中涮，肉色变白就撒上细盐盛出。忽必烈食罢连连说好，翻身上马取得作战胜利。庆功宴上，忽必烈再让厨子依法炮制，还配上可口的酱料与将帅们分享。厨子趁机请他命名，"涮羊肉"因此得名，后来成为著名的宫廷佳肴。时至今日，"涮羊肉"已经成为中国人餐桌上最受欢迎的火锅品种之一。

历史上，喜欢且最会吃火锅的当数清人。火锅在清宫中被称为热锅，清宫御膳食谱上有"野味火锅"，曾被作为国宴。锅具质地有陶瓷、纯银、银镀金、铜、锡、铁数种。进食的基本形式有两种。一种为组合式，由锅、炉支架、炉圈、炉盘、酒精碗五部分组成，可以同时上桌烧煮食物，也可单独用锅温食品。另一种为锅中带炉，炉内烧炭火，能把水烧开，生鱼、生肉、蔬菜等可以放入沸水中煮熟。

到了清代，"拉黑"火锅的第一人出现了，他就是清代大美食家袁枚。袁枚在《随园食单·戒单》中有"戒火锅"一说："冬日宴客，惯用火锅，对客喧腾，已属可厌；且各菜之味，有一定火候，宜文宜武，宜撤宜添，瞬息难差。今一例以火逼之，其味尚可问哉？近人用烧酒代炭，以为得计，而不知物经多

滚总能变味。"袁枚厌恶火锅的理由,一是心理上的"对客喧腾,已属可厌";另一个是味觉上的"物经多滚总能变味"。袁枚晚年有一大遗憾,就是没能参加乾隆五十年(1785年)的千叟宴。他在诗句中感叹"路遥无福醉蓬莱"。媒体人李舒却在文章中表示,其实袁枚用不着这么惆怅:"因为赶到北京城里,他将见到的是自己最厌恶的场景:3000多个老头儿聚集一堂,吃1500多个火锅。"

没错,1500个火锅。乾隆对火锅的热爱是超出人们想象的,他几乎餐餐不落火锅。据乾隆四十四年(1779年)的御膳记载,共上各类火锅23种、66次,有鸡鸭火锅、舒意火锅、全羊火锅、黄羊片火锅,有鹿肉、狗肉、豆腐、菜蔬等不同火锅食材。记录他膳食的《照常膳底》中就有记载:"一日早膳有山药豆腐羹热锅一品、福隆安进杂烩热锅一品;一日晚膳有燕窝烩五香鸭子热锅一品、燕窝肥鸡雏野鸡热锅。"乾隆下江南游山玩水,各地接待官员都知道他的嗜好,会提前准备好锅食。

嘉庆元年(1796年)正月初四日,已是太上皇的弘历为了庆贺自己年过七旬喜得元孙,以及表示四海承平、皇恩浩荡,继乾隆五十年之后再次举办超级宴会千叟宴。他邀请全国各地所有古稀老人进京赴宴,声势浩大,被称为"万古未有之举"。而其中,一等宴席头道菜便是火锅。在和珅的指挥下,1550多个火锅被端上了宴席,每张桌子上都有许多火锅。正月里,所有七旬老人围在一起吃从未品尝过的火锅,寒冬与火热形成强烈对比,让身处炉旁的食客感到幸福。这或许能成为老人们一生中最难忘的冬天。在这场千叟宴上,乾隆将皇位禅让给了第十五子颙琰。这次宴会也宣告了乾隆时代的结束。中国历史上的"康乾盛世"也在汤水沸腾、铜锅喧闹中画上了一个句号。

火锅中既有暴烈粗犷,也有温润圆融。它映射着中国人的处世智慧:求同存异、各取所需。这或许也是吸引着五湖四海、一代又一代中国人为之沉迷的原因。从帝王将相到平民百姓,通过火锅可以看到一种相生相克、兼容并包的东方哲学。

02

从祭器到食具：火锅器具考证

Changes of Hotpot Utensils in History

文： 邓频 **编：** 歌林、陆沉
text: DengPin **edit:** Green, Yuki

火锅，是一种将不同食材置于锅形器具中涮煮的烹调方式，边煮边吃的吃法和火锅锅体的保温效果保证了入口时食物能呈现最好吃的状态。火锅的本义，便是烹调的器具。当今火锅器具五花八门，我们随口便可以说出"鸳鸯火锅""单人小火锅"和"铜炉火锅""不锈钢火锅"等不同形制和材质的火锅。沿着火锅悠久的历史发展脉络，本篇将介绍在文献资料与考古发掘中各种形态的火锅器具。

陶鼎

在人们还没有发明炉灶的原始社会时期，人们制熟食物的方法或是直接放在火上烤，或是把食物放在石器、竹筒等之上加热。进入新石器时代后，陶鼎便成为典型的烹食器。距今8000年的河南新郑裴里岗文化遗址曾出土三足陶鼎，鼎的形制为圆腹、三足、立耳，也有方形、四足的，有的加盖，有的不加盖。

鼎分大小。大的用作烹饪器具，小的用作盛食器具。作为烹饪器具的大鼎，腹中放置肉、菜、水、粮。下足撑起鼎身，方便烧火。加盖可以加速鼎内温度升高，加速食物变熟并且有效保温。鼎耳便于为大鼎穿杠或者搭钩，方便抬举移动。作为盛食器具的小鼎，则是用来盛放煮好的食物，相当于现在的碗。

这种将食材混合烹煮、边煮边吃的方式和如今吃火锅的方式基本相同。陶鼎可以说是火锅器具的雏形。当时的陶鼎比较简单，形制也没有完全规范化，主要用来作为烹饪和盛放食物的器具，以实用为主。不过它已经具有鼎的基本形制，鼎的四周也出现了装饰的雕饰花纹。随着审美等附加功能的强化，鼎的利用也进入了礼制用具的新时代。

青铜鼎

到了奴隶社会时期，鼎的材质由陶变为青铜，鼎的形制也逐渐规范化。

《说文·鼎部》："三足两耳，和五味之宝器也。昔禹贡九牧之金，铸鼎荆山之下。入山林川泽，魑魅魍魉，莫能逢之，以协承天休。《易》卦：巽木于下者，为鼎，象析木以炊也。籀文以鼎为贞字，凡鼎之属皆从鼎。"鼎，三足两耳，是混合烹调美味佳肴的宝器。昔日大禹收集九州的金属，在荆山之下铸九鼎，将奇珍异兽、神仙魔怪的图像镌刻在鼎上，昭示天下，让百姓进入山林川泽之中，不再受魑魅魍魉的侵扰危害，以顺承上天的福佑。

自此，九鼎便意味着天命，成为国家的象

征。夏商周朝代更替，国灭鼎迁，九鼎也随之传世，象征天下的权力。

青铜鼎，作为礼之重器，不再是平常吃大锅饭的用具，其上往往镂刻图案和铭文，象征天命指派的神秘力量，或者铭记奴隶主阶层的丰功伟绩，甚至也作为惩罚罪犯的烹人刑具。鼎中盛放的东西、大小不同的鼎的组合、鼎的数量都被赋予了特殊的象征意义，由此形成一套等级森严的用鼎制度。

鼎的使用，相当具有仪式感和庄重性，从"钟鸣鼎食""列鼎而食""三牲五鼎""人声鼎沸"等词语可见当时"鼎食"的排场，场面宏大，人员众多，仪式庄重，热闹非凡。此时的"鼎食"分三类：镬鼎、牢鼎、羞鼎。镬鼎烹煮，牢鼎盛放牲肉，羞鼎盛放调味料。这和现在人们吃火锅用火锅烹煮、小碗盛食、小碟蘸酱的器具布置基本一致。

另外，西周也已经出现了"单人小火锅"。每个人面前的案几之上摆放一个小鼎，鼎与炉合二为一。鼎中有一个隔层，鼎腹分为两层，下层开口，可以放入燃料烧火，上层可以盛放汤肉涮煮。在正式的祭祀或者庆典场合，编钟奏乐，诸位贵族一人一席，各人涮煮自己的"小火锅"。此时的大鼎汤镬更多地用于祭祀仪式，小鼎鼎食则回归到食用本身。

周朝末年，诸侯混战，礼崩乐坏。随着礼乐制度的衰败，鼎的神权和王权意义逐渐弱化，鼎又回归到本来的普通食具身份，其上精美神秘的花纹也回归到审美意义层面，后世的许多火锅器具仍然保留或者借鉴了鼎的形制和特点。

染杯

西汉时期，人们非常流行使用染杯和染炉。"染"是动词，沾染之动作与吃火锅时的"蘸"非常接近。"染杯"与火锅器具有着明显的渊源。

在南昌的西汉海昏侯刘贺的墓中便出土了染杯和染炉。染杯和染炉都为青铜铸就，形制小巧。染杯是一个杯状带耳的烹煮器，杯小而浅，不过300毫升的容量。染炉是一个炭炉，四周镂空，下部有承接炭灰的长方形盘体，上部放置可以活动的染杯。

因染杯体量太小，曾有人推断染杯是用来温酒的。但是按常理推之，用炭火温酒过于滚烫，没人能端起烧热的染杯，一般温酒以温水而不是炭火作为热源。显然，染杯是温酒器的说法并不符合常理。染杯体量虽小，但仍然是一件食具而非温酒器。小则小矣，但作为一人一席上烹制美味的器具，并不奇怪。

可以说，染杯和染炉，是一套食具与炊具结合的小巧雅致的火锅器具。"染食法起源于先秦，最初仅为沾染佐料而食，后来发展为用染炉烹煮，耳杯就非铜不可，现在已发现之染炉皆为西汉，染杯皆铜，看来到了西汉染杯必须置于染炉之上，配套使用，始能称为染杯，染食法亦限指此种染杯置染炉上的饮食方法，杯中必须有水，肉菜大约也是生的，否则无须用染炉，同出有勺，可见也可喝其汤，很像后代的涮食法，中国的涮食法也起源于先秦，染食法不是涮食法，两者不同来源，西汉曾经并行，但入东汉后，染杯染炉未再发现，仅行涮食法，取代染食法并进一步将之发展。"[1]

染食法是在染炉里烧炭，在染杯里加水，同时加入油盐酱醋等调料，再将其置于染炉之上加热，然后割肉放在染杯里染煮，边染边吃。虽然说，染食法与涮食法很接近，只是锅中放不放酱料的差别，但是热酱与冷酱依旧是两种不同的吃法。看来，西汉流行的这种"染食"微型小火锅和我们现在的涮锅风味还是不同的。

鐎斗

汉至南北朝时期，是鐎斗流行的时代。作为一种温器，鐎斗与火锅器具也颇有渊源。

鐎斗，圆腹，三足，有柄。鐎斗的材质多为青铜，也有少量铁质和陶瓷制品。西汉晚期至东汉，鐎斗的造型由简朴变为繁复，柄端多装饰，多铸成鸟头、鸡头、龙头、虎头等兽头形，三足亦被铸成兽足状，使得整个鐎斗看起来就像一只威武的猛兽。有的鐎斗柄端有孔，或者口沿处有环，可穿入链条或者系绳悬挂。

鐎斗是当时日常生活用具，常与铜碗、铜杯、铜盘等一同出土。鐎斗的大小差别很大，没有固定尺寸，容积有大有小，与其主人的经济条件密切相关。鐎斗是由战国时期的鐎壶演变而来，鐎壶是壶状长柄三足的温器，因其只能温煮液体而演变为鐎斗。鐎斗的使用也很简单，就是置于炭火盆之上加热，既可以温煮液体如酒、茶等，也可以温煮粮食、肉菜。在墓穴出土的画像石中，经常可以看见描绘人们使用鐎斗的图案，多人围坐一起，一人将鐎斗置于炭盆上烹煮食物。这与当今人们围坐在一起吃火锅的情景类似。

汉代时期，火锅器具基本定型并且广为流传。不论锅大锅小，平常老百姓在日常生活中就可以吃上火锅了。

1 黄盛璋.染杯、染炉初考[J].文博.1994（3）：47、48.

五熟釜

三国时期，人们对火锅器具又进行了进一步的改良。这个时候，出现了一种名为"五熟釜"的器具，和如今的"鸳鸯锅""九宫格"火锅近似。

《三国志·魏书·钟繇、华歆、王朗传》中记载："魏国初建，为大理，迁相国。文帝在东宫，赐繇五熟，为之铭曰：'于赫有魏，作汉藩辅。厥相惟钟，实干心膂。靖恭夙夜，匪遑安处。百僚师师，楷兹度矩。'《魏略》曰：繇为相国，以五熟釜鼎因太子铸之，釜成，太子与繇书曰：'昔有黄三鼎，周之九宝，咸以一体使调一味，岂若斯釜五味时芳？盖鼎之烹饪，以飨上帝，以养圣贤，昭德祈福，莫斯之美。故非大人，莫之能造；故非斯器，莫宜盛德。今之嘉釜，有逾兹美。夫周之尸臣，宋之考父，卫之孔悝，晋之魏颗，彼四臣者，并以功德勒名钟鼎。今执事寅亮大魏，以隆圣化。堂堂之德，于斯为盛。诚太常之所宜铭，彝器之所宜勒。故作斯铭，勒之釜口，庶可赞扬洪美，垂之不朽。'"

魏文帝还在做太子的时候，为了嘉奖钟繇，特意为他铸造五熟釜，上面镌刻铭文以示表彰，并且写信告诉钟繇说："从前黄帝三鼎、周王朝九鼎，都是一个锅体调一个味道，怎么比得上我铸的这个五熟釜同时散发五种不同的香味？我为你铸的五熟釜比鼎还好，先贤圣王嘉奖大臣把功名镌刻在钟鼎之上，我嘉奖你把你的功绩刻在五熟釜口，让它永垂不朽。"

在此之前的火锅器具，诸如鼎、染杯、鐎斗等都是单味火锅，五熟釜却分隔五味，实现了多味火锅的设想。这在技术上并没有多大的难度，只需在锅体上设置隔板，将一锅分为五格，但是这种火锅器具设计的创新却难能可贵，正说明了当时火锅这一饮食文化的成熟发展。

作为太子的曹丕在五熟釜上镌刻铭文嘉奖钟繇，也正是火锅器具作为祭器和礼器的历史传统的彰显。从祭器到食具，火锅器具的发展继承传统、推陈出新，庄重时可做达官贵人铭功记绩的礼之重器，日常便是平头百姓享用美味的食之用具。

暖 锅

唐代经济繁荣、文化发达，手工业发展迅速，陶瓷业在这一时期得到了空前的发展，有"南青北白"（越窑青瓷、邢窑白瓷）之说，著名的"唐三彩"更是陶瓷烧制工艺的珍品。于是此时的火锅器具多用陶瓷烧成，称为"暖锅"。在作为陪葬品的"唐三彩"中，也发现有火锅器具。

唐代诗人白居易有诗云："绿蚁新醅酒，红泥小火炉。晚来天欲雪，能饮一杯无？"正是描写了当时人们吃火锅的情景。其中"红泥小火炉"便是用陶制的火锅器具。

重庆火锅博物馆中有一件"唐三彩"火锅，造型与当代的通心铜炉火锅基本一致：中部为盆状锅体，上部为通心烟囱，下部为炉式支架。"唐三彩"并非日常用具，而是陪葬物品，但是由此可以推知唐代的"暖锅"便是这样的形制，与当代别无二致，它的使用方法应该也与当代人们吃火锅的方法一样。

多样的火锅器具

到了清代，火锅非常兴盛，并且有了关于"火锅"这一名词的直接记载。清代著名文人袁枚在《随园食单》中就有对"火锅"的谈论："火锅对客喧腾，已属可厌，以已熟之味复煮之，火候亦失，且味果佳，想亦不待冷而欲馨矣。"他在谈及火候的时候举了火锅的例子，称吃火锅不宜煮太久。

当时还很流行一种菊花火锅。徐珂在《小酌之生火锅》中有云："京师冬日，酒家沽饮，案辄有一小釜，沃汤其中，炽火于下，盘置鸡鱼羊豕之肉片，俾客自投之，俟熟而食。有杂以菊花瓣者，曰菊花火锅，宜于小酌。以各物皆生切而为丝为片，故曰生火锅。"相传慈禧太后便很喜欢这菊花火锅。

清代时期，上至宫廷皇族，下至平民百姓，都有吃火锅的习惯与爱好。火锅器具的形制与前代无太大差别，而且出现了装饰性的艺术火锅，可以说此时的火锅器具达到了审美巅峰。清代的火锅质地多样，有陶瓷、铜质、锡质、银质、银镀金、珐琅、铁质等。造型纹饰优美多样，别出心裁又华贵典雅，例如蓝底饰游龙的乾隆款瓷火锅。

中国历史上出现了各种各样的火锅器具。西周的青铜方鼎火锅、宋代瓜瓣兽耳铸铜火锅、明代四寿字铸铁火锅、清代乾隆皇帝举行千叟宴的纯银火锅、民国时期的八角形白铜火锅、景泰蓝火锅等都是其中的典型代表。

从祭器到食具，从祭天敬神的礼器到日常饮食的食具，火锅器具形制总体的变化并不大，火锅器具的材质随着生产力的发展越来越丰富，审美造型各朝各代也各有风华。

古代的火锅器具

The Cookware of Hotpot in Ancient Time

东汉青铜鐎斗

青铜龙形鐎斗为汉代典型器物，此鐎斗于1963年在安徽省滁口乡滁口村出土，整个器物极具立体感。

乳钉纹红陶鼎

河南省新郑裴李岗出土的乳钉纹红陶鼎，距今7000年左右，这是目前发现的中国最古老的鼎。

饕餮纹

青铜器上常见的花纹之一——饕餮纹，一般以动物的面目形象出现，由目纹、鼻纹、眉纹、耳纹、口纹、角纹几个部分组成，代表了青铜器装饰图案的最高水平。

印纹灰陶鼎

河南省淅川县城南的下王岗遗址出土的印纹灰陶鼎，1971年～1974年河南省博物馆发掘。

清末银质火锅

此款火锅锅盖带活动把手，锅体口沿外及锅盖外圈均錾刻卷草纹，器型小巧，精工细作。

清代掐丝珐琅花卉火锅

火锅自古多以铜质为主，在清代宫廷，又出现不少珐琅、瓷器、银质的火锅。此款火锅造型优美，蓝底锅身饰各色团花纹，体现着宫廷生活的奢华与精致。

唐三彩火锅

此款火锅现藏于重庆三耳火锅博物馆。唐三彩是中国古代陶瓷烧制工艺的珍品，盛行于唐代，是一种低温釉陶器。

五熟釜

五熟釜也是一种鼎，其内部各自分开，可以同时煮多种不同的食物，原理和现代的鸳鸯锅非常相似。

清代粉彩火锅

这款粉彩火锅现藏于北京故宫博物院。通体蓝地，花纹繁复，花朵、果实等纹样紧密分布。

特集

关于火锅的一切！

ALL ABOUT HOTPOT!　ISSUE

03

底料就是火锅的魂！
工业化时代的
底料制造

Chafingdish Is the Soul of Hotpot！
The Product Manufacturing
in Industrial Age

采访+文：元美 **编：**陆沉 **图：**刘南方
interview & text: Mia **edit:** Yuki **photo:** Liu Nanfang

提起重庆，首先想到的是热气腾腾鲜香麻
辣的火锅。决定重庆火锅口感的关键因素
便是底料。在工业化生产的今天，拥有超
过100年历史的桥头牌火锅底料坚持味道
和配方不变，让世代重庆人大饱口福，有
"食在重庆，味在桥头"的佳话。流水线
上的火锅底料是如何诞生的呢？本文采访
了桥头火锅调料有限公司营销总监刘南
方，为大家一一解疑。

在被人交口称赞的味道的背
后，是桥头火锅人对传统风
味的珍视，以及那片追求更
高品质的探索之心。

桥头火锅创始于清宣统元年（1908年），当时的店铺就设在重庆市南岸海棠溪的古石桥头。宣统年间，南岸因其天然的水运优势，成为长江上游的航运重镇。作为川黔商贾的必经之地，大量船夫和船只聚集在此。为了填饱肚子，船夫们常常在江边随地搭起锅灶，用沿江两岸屠宰场丢弃不用的廉价动物内脏和牛油渣，拌上葱姜花椒等佐料一起下锅烫煮，这种既能充饥又能抗寒的食物，俗称"连锅闹"，也就是重庆火锅的雏形。当时的江边有一个名叫李季槐的船工发现了商机，在海棠溪桥头搭建锅灶，做起了"连锅闹"的生意，就取名"桥头火锅"。

民国时期，因国民政府迁都重庆，南岸临长江一线商贸发展迅速，街区繁荣，人口密集，桥头火锅生意兴旺。1943年2月23日，郭沫若、夏衍等几位文人朋友在桥头火锅为好友于伶庆生，写下了"街头小巷子，开个幺店子；一张方桌子，中间挖洞子；洞里生炉子，炉上摆锅子；锅里熬汤子，食客动筷子；或烫肉片子，或烫菜叶子；吃上一肚子，香你一辈子。"的打油诗。

1960年，桥头火锅迁至南坪珊瑚村。1994年，桥头火锅被中华人民共和国国内贸易部命名为重庆市餐饮业第一家中华老字号名店，是目前全国唯一一家中华老字号火锅。2003年，桥头火锅创办了火锅底料厂，采用独特的传统工艺和配方，让食客们足不出户就能品尝到桥头火锅坚守不变的老味道。如今，百年老字号的火锅底料产品已远销海外173个国家和地区，美味遍及世界的每一个角落，在国际上成为名副其实的"中国美食"。

知中：从个人经营的时代算起，桥头自创立至今已有110年的历史。作为"百年老企"，桥头具有哪些优势？

刘南方：桥头的历史比较早，延续百年的底料配方是桥头的独特优势。如今与先进的设备一同成为我们的核心竞争力。

"我们工厂大概有200人，老师傅还是在火锅店里的多一些。桥头火锅发展到今天，已经成为全国分厂型的企业，其实是不依靠人的。我们更多是通过标准化的管理和先进的工艺技术来保证做出来的每一袋产品，都能保持原汁原味、品质如一。美食不分国界，每一个消费者选产品的时候都会通过口碑、口味来认识桥头。"刘南方这样说道。

我们厂里引进了X光机、金属探测仪、精选机、微波消毒机等行业领先的设备，对底料的生产过程进行严格的把控，现在底料的质量和口感比过去人工炒制要稳定得多。桥头还首创了秘制"熟料"工艺和科学"冷却"工艺，即烹饪时清水下锅，不再需要另外炒制，也不需要再添加任何佐料，保证了桥头多年来一如既往的"高品质，好滋味"的理念能在家家厨房得以实现。

知中：在饮食需求和口味变化多端的今天，桥头生产的火锅底料却依然驰名中外，你觉得桥头火锅底料备受欢迎的原因是什么？

刘南方：桥头火锅底料的口味非常贴近重庆当地火锅店的味道。在重庆，甚至有很多火锅店也是用的桥头牌火锅底料。麻辣鲜香，油不腻嘴，辣不刺喉，麻不伤胃，香醇浓郁，回味悠长的独特风味，是桥头牌底料经久不衰的原因。

知中：桥头火锅底料在配方上面有什么讲究？影响口感的核心原料是什么？

刘南方：桥头火锅底料的每一种原料都是经过严格挑选的，不同的原料、配比得到的最终口感都是不同的。我们的底料共采用了48种原料，相对而言，用料比较大的、主要影响口感的核心原料有豆瓣、豆豉、辣椒、花椒、香料、酱油，每一种原料在产品口味中都有不可替代的作用。

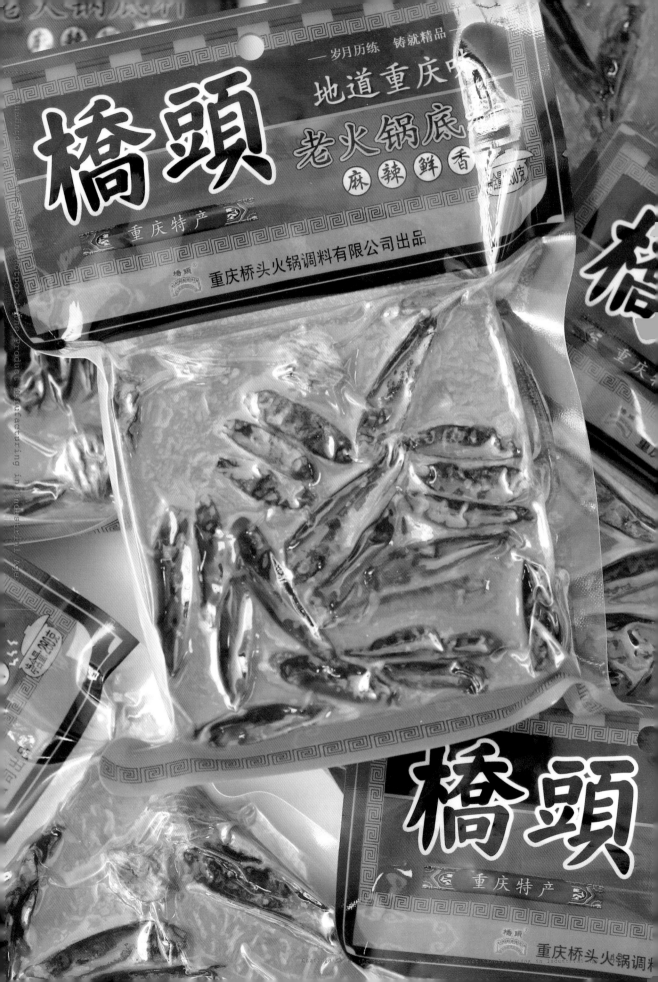

知中：我们在食材的挑选方面，通常有哪些要求？桥头火锅底料的选材都来自哪里呢？

刘南方：桥头火锅底料的每种原料，基本都是固定原产地采购，这样能保证原材料的质量和稳定性。我们对关乎原材料产地及各项品质指标均有严格的要求。每一种原料的供应商都需经过我们严格筛选，待考察合格后，才建立起合作关系。

其实，火锅底料的原料，就是将来自不同产地的优质原料集中到一起制作而成的，包括姜、蒜，我们采用的都不是重庆本地的。我们选用的蒜、姜产自山东，花椒多产自四川，另外以香叶、白蔻为主的香料，会从印尼、印度等地进口，精炼纯牛板油来自天津，辣椒则主要来自河南。

专供桥头火锅底料的豆瓣是经发酵翻晒一年的四川郫县鹃城牌豆瓣。鹃城牌豆瓣经过一年晒制，豆瓣酱香浓郁，跟其他豆瓣有本质的区别。郫县豆瓣本身就是制作川菜不可或缺的调味佳品，而鹃城牌豆瓣又是在众多豆瓣产品中享誉世界的代表产品；再比如辣椒，我们选用的是产自河南省安阳市内黄县的"内黄新一代"品种。这一品种的朝天椒，是内黄县在三十多年的辣椒种植过程中改良的新品种，与其他品种的辣椒相比，它的辣度适中，颜色大小均匀，其质量也很稳定，经炒制后既辣又香。当然，有的底料产品有特定的需求，也会选用其他产地品种的辣椒。

知中：能跟我们简单介绍下火锅底料的生产工艺流程吗？

刘南方：火锅底料制作主要分为六个步骤。首先我们会使用精选机、X光机等高端的机器设备对原料进行严格筛选，原料的精选保证了源头的质量。例如辣椒、花椒里面掺杂的异物，都会通过X光机进行筛选过滤。第二步，我们会对经过精选的原料进行初加工，比如辣椒、姜、蒜，都是需要经过清选、去皮和粉碎的，油脂则需要经过溶解加工。第三步，是将初加工的原料用全自动炒锅进行定时定量、标准化的熬制，直至被熬成熟料，这个过程大概需要2到3个小时的时间，熬制的温度在180℃左右，不同的产品温控要求会有些许差异。第四步，将熬好的熟料搅拌均匀，之后自动灌装成袋。第五步，将自动灌装包装好的产品通过自动传输设备输送至冷却设备进行快速冷却。第六步，将冷却平整的半成品进行外包装袋的工序包装，完成以上工序

的产品就可以用自动装箱设备进行装箱码垛，之后即可出厂。

自动炒锅的炒制温度均匀，温度的严格控制保证原料不至于炒煳。自动灌装保证了油料均匀，快速冷却保证产品口感质量不被破坏。一切标准化的操作，保证每袋产品口感品质统一。

知中：和过去相比，桥头火锅底料在配方、口味上是否有进行过改进和创新？

刘南方：严格来说，桥头火锅之所以长盛不衰，口口相传，就是因为不变的经典好味道。我们坚持"五味中求平衡，清鲜中求醇厚，麻辣中求柔和，口感中求层次"的调味原则，沿用传统的工艺和配方，引进先进的设备，进行标准化的工厂管理，均是为了保持每一袋产品口味的品质统一。

在口味的创新上，近几年我们其实都会根据市场的发展和变化，推出一些年轻人喜欢的新品类。例如2006年桥头推出的地道重庆味老火锅底料，2007年推出了干锅口味的调料产品等。现代化的生活就是快节奏的生活，年轻人尤其是女性都希望在白领与家庭主妇两个角色间游刃有余。桥头调料采用的是熟料工艺，即不再需要炒制，不需要再添加任何佐料，清水下锅即可实现美味，操作简单方便，更是受到欢迎。桥头既保持了传统火锅口味的优势，又具备了制作的便捷性，这种创新让众多不同年龄的消费者都愿意尝试与购买。

同样是辣椒、花椒、牛油，却因烹制手法和配比的不同，得到风味各异的美味底料。想必正是因为做法考究，所以才会有这么多食客喜欢桥头的美味。每一款产品的用心炮制，都能让人深刻感受到"桥头"的深情厚谊。希望这份满载着中华老字号心意与创新精神的浓郁风味，能够一直流传下去。

行家的锅底：
火锅里的红与白

Authentic Broth:
The Spicy Soup and Clear Soup in Hotpot

文：陈宝心 编：陆沉 图：吴霜、黄梦真
text: Chen Baoxin edit: Yuki photo: Wu Shuang, Huang Mengzhen

若简单地分类，可将火锅分为两大阵营：无辣不欢的红汤派和忠于原味的白汤派。虽同是锅中美味，两派却各执己见，水火不容。

重庆二火锅坚持每晚炒底料。二火锅主打传统的酱香型和煳香型锅底，均按传统的工艺和口味制作，不放任何香料，是连炒料也用牛油的纯粹的牛油火锅。

北京官也街澳门火锅的创始人陈振声从小在澳门官也街长大，为了传承澳门的美食文化，做出家乡的好味道，他给自己的火锅店也命名为"官也街"。来到北京后，陈振声给自家火锅做了一定改良，但这并不是为了迎合区域习惯，而是为了让火锅的味道更融合。据他所说，北京的这家店，甚至比澳门本土火锅做得更精致。

重庆二火锅每天需要炒制100斤底料，供使用一天半到两天。而100斤底料中，需要用到50斤石柱红。

"本地人去吃火锅，
99%都只点红汤锅底"

"本地人去吃火锅，99%都只点红汤锅底。"这是川渝人对麻辣的执着。麻辣火锅作为红汤派最有力的代表，起源于嘉陵江和长江的交汇处——重庆，如今已成为川渝地区人民生活中不可或缺的一部分。其中最传统最地道的麻辣锅就是牛油火锅，它讲究牛油原香和辣椒花椒的煳辣香，至少用到三种不同种类的辣椒制作锅底，分别取其辣度、颜色和香味，它们混

合而成的味型简直"霸味"十足。但是到了成都，麻辣火锅有了新的呈现方式——清油火锅，人们对其制作工艺进行了升级，用菜籽油替代动物脂肪油，并加入了数十种香料，如小茴香、白蔻、香果、八角、草果、香叶、桂皮、丁香等，增添火锅的风味。

制作麻辣火锅时，第一个步骤就是炒制底料，首先把牛油或菜籽油倒进锅里，煮至170℃左右，加入打成糊的糍粑辣椒、晒干的辣椒和花椒一起熬制三四个小时，中间会加入豆瓣等食材，最后制成一大锅炒料。第二步是制作红

1

2

3

4

在重庆，最传统的炒料锅具就是圆形的黑色大铁锅。制作火锅底料可以分为两个步骤，一是炒制底料：把牛油烧熟后，再放入辣椒、花椒等调味、熬制，这一步骤得耗费三四个小时。第二步是制作红油，这一步也需要两三个小时。一道完整的工序下来得小半天时间。各种香料与调料一起在铸铁大锅中融合成兼具鲜、香、麻、辣的火锅底料。

油，在煮沸的油中加入姜、葱，融合出独特的香味后，加入辣椒取其辣味和颜色。制作牛油火锅的红油通常会加晒干的大红袍花椒，而制作清油火锅的红油会选用青花椒，取其清香，一起熬制2至3个小时，然后待其冷却凝固之后，备着使用。炒制底料和制作红油的辣椒种类、比例会有所不同，不同商家根据想要研制的口味会进行调整，而且使用辣椒的数量和顺序也会有些不同。

传统的重庆火锅除了要炒料和制作红油，在上桌前还有一个"打锅"的工序：首先按照不同的比例加入事先做好的炒料和红油，然后放入新鲜的辣椒、花椒、葱、姜、蒜、牛油、酒糟、白酒，再加入一定比例的老鹰茶或饮用水。老鹰茶可以降火，并让这些材料的味道进行完美融合；酒糟可以让火锅味道更丰富；牛油则可以很好地封存火锅的香味和鲜味。

清油火锅的油水比例是4∶6，牛油火锅的油水比例是6∶4甚至是7∶3。因此清油火锅口味比较清爽鲜香，而牛油火锅则醇厚浓郁。两者都是红汤爱好者不容忽略的热辣美味，一片爽脆的鲜毛肚、一份细腻嫩滑的腰片，经过麻辣沸腾的锅底一涮，就能让老饕们大呼过瘾！

炒制底料时，至少需要用到三种辣椒。这些辣椒有的作用于辣味，有的是为提亮颜色，还有的是为提升香气。不同口味的锅底，所用辣椒品种各有区别，不仅如此，量的多少、放入的顺序也会有所不同。

二
火
锅

熬制中的澳门火锅汤底。老火靓汤是澳门传统的美食文化，广式火锅以焖煲（羊肉煲、鸡煲等）为主，港式火锅以清汤涮锅为主，而澳门火锅以汤煲为主。

"打边炉，
就喺要食新鲜食材的原味"

"打边炉，就喺要食新鲜食材的原味（吃火锅，就是要吃新鲜食材的原味）。"这是粤港澳地区的人民钟情于白汤最直接的理由。他们对"汤"很讲究，"煲汤"有着不少学问，因此在火锅中，除了要品尝新鲜食材的原味，还要喝一口"靓汤"。

以澳门火锅为例，汤底中不仅含有丰富的食材，而且是采用传统的老火靓汤的制作方法熬制的。优选海鲜（如贝壳、虾）、猪骨、鸡等材料来熬制原汤，具有养生滋补的功效，这也是其与红汤火锅最大的区别。

同时，正宗的白汤必须使用最新鲜的食材，官也街澳门火锅原汤中选用的鸡就要求必须是新鲜屠宰的。此外，原汤中还会加入猪骨、鸡脚、玉米、红萝卜、白萝卜、青萝卜、栗子等，让锅底更鲜甜。15个小时的熬制、精确的火候控制以及各种食材下锅的顺序，都是成就与众不同的白汤的必要因素。汤底在调味时只需用少量的盐和胡椒——胡椒能让汤底更有鲜味，同时驱除萝卜的寒气，达到养胃效果，其中不需要添加鸡精、味精等任何调味品，如此一来，保证了食材的原汁原味。

一锅看似清寡的白汤，其实包含了猪骨中的胶原蛋白、鸡肉的滋补精华、海鲜的营养鲜味和蔬菜的清甜，再用来涮生猛海鲜和上等牛肉，可彰显出食物真实的本味，可谓火锅界最讲究营养的搭配。

红汤的麻辣纯粹、白汤的鲜甜浓郁，从来就不分伯仲。对真正热爱火锅的吃货来说，哪有绝对的红与白，哪有对立的南与北，一清一浑，皆能包容在鸳鸯锅中，尽显火锅文化的精髓。

在煲汤的原材料上，南北方还
是有些差异的，比如猪骨，北方
的猪本身体型就会较之南方更壮
硕，肉也更厚，经15小时火候的
炖制后，汤底所呈现的味道更是
浓厚而不油腻。

白汤里的最佳食材
The Best Choice for Clear Soup

在陈振声看来，澳门火锅是否正宗的关键因素是锅底、海鲜、牛肉。牛肉切片时有严格的厚薄要求，以保证最佳口感。牛的品种、产地和部位也都有讲究。

汤底	海鲜	蔬菜	响铃
为了制作一个"合格标准"的锅底，厨师们会从早上八点到次日凌晨四点轮流在岗工作，而一锅好汤则得从中午11点开始煲到次日8点。很少有食店能坚持每天15小时炖制汤底，陈振声认为这也仰赖食客们的支持，否则以这样的成本，很难数年如一日支撑下去。	正宗澳门火锅的食材是以海鲜和牛肉为主。爽脆鲜甜的象拔蚌切片、细嫩甘香的大龙虾、弹牙爽滑的澳洲鲜鲍鱼切片、饱满甜美的阿拉斯加蟹腿、肉质厚嫩的法国生蚝、爽脆清甜的中山脆肉皖鱼等都是好选择。根据不同锅底，食客可以搭配不同种类的海鲜涮食，口味丰富。	在蔬菜的选择上，澳门火锅的首要标准就是必须新鲜，因此会考虑选品的季节性，例如7到10月，餐厅会供应特色菜品霸王花。霸王花主产区在中国广东、广西一带。在广东，霸王花更是极佳的清补汤料。其余如西洋菜、茼蒿等，也是清汤火锅中的热门选择。	响铃是港澳地区盛行的火锅食材。原材料选取上等鲜竹，全人工制成。好的响铃色泽金黄，表面布满油花（即油炸时在表面所产生的凹凸纹路），新鲜未受潮的响铃轻捏即碎。涮响铃只需过汤一秒，便能迅速吸收汤汁，口感软中带脆，蕴含奶香。因为食用时会发出"嘎吱"脆响，故名"响铃"。

优质的汤底再配上新鲜的食材，才能成
就一顿好火锅。

05

火锅经典蘸料大全
Classical Dip Sauces of Hotpot

文: 林若羽 **编:** 陆沉 **图:** 廖思睿、黄梦真、陆沉
text: Renee Lin **edit:** Yuki **photo:** Liao Sirui、Huang Mengzhen、Yuki

熬、涮、蘸。如果说沸腾的锅底在涮烫之时赋予了食物最基本的底味，那么给食物染上各色风味极其重要的一步，便是最后一碟碟澄澈或浓郁的蘸料。在各色浓郁的汤底面前，这些不同地区经由多种工艺打造出来的香辛料，以各异的形态进行组合搭配。虽无法成为食物本身，但和食物的相互依托却更加淋漓地展现出它们的百般滋味。

在火锅最初诞生时，并没有任何蘸料的存在。然而随着时代的变迁发展，人们对口味的探寻更上一层楼，由此便诞生了各色的味碟。重庆餐饮行业协会秘书长张正雄曾在采访中提过，火锅的蘸料大致可分为五类：油碟、汁碟、酱碟、干碟和泥茸碟。

油 碟
Oil for Dipping

在川渝最常见的油碟中，部分地区起初采用生菜油打底，之后改用植物油加入香油和花椒油按一定比例进行调配，制成调和油食用。香油和花椒油在现今油碟中是最为常见的。油碟不仅可以缓和川渝火锅中的重麻重辣，还能够降低刚涮烫出锅的食物温度以避免烫伤食道。最重要的是油碟不会喧宾夺主。几乎无色无味的它能够维持经多种香料熬制出来的川渝火锅最原始的本味。

香油
sesame oil

取自芝麻种子的香油为芝麻油中具有更加显著香气的一种。北方称其为"香油"，南方则称其为"麻油"。古代人称其为"胡麻油""脂麻油"。在清代王士雄的《随息居饮食谱》中有记录："麻油，诸油唯此可以生食，故为日用所珍，且与诸病无忌。"因此香油常用于日常各色凉菜热肴。迄今为止最早的食用香油出现在距今1600多年的晋代。在火锅蘸料中最常用的是小磨香油。这类香油呈琥珀色，清亮澄澈无浑油，口感柔滑，是经由石磨在低温低压下对白芝麻进行磨制，再以水代法工艺实现油胚分离制取出来的，保存了芝麻中原有的天然成分。

花椒油 **pepper oil**

花椒最早被我国祖先用于祭祀驱邪，一直到南北朝时期才登上了调味品的历史舞台，也担当起川菜"麻辣"中的"麻"一角。花椒油便是从花椒中提取的食用调和油。其传统做法是将花椒直接放入加热的可食用的植物油中，配合生姜大蒜等配料以炸出椒麻香气。花椒种类有所不同，可分为青花椒、藤椒和贡椒等，花椒油的颜色则呈现金黄色或者黄绿色。同香油一样，均可添加于凉热菜肴中，起到去腥解腻，缓解食欲减退之症的作用，同时也能为食物增加爽口的风味。在川渝火锅中，为求麻辣，花椒油在蘸料之中是必不可少的一员。但因其麻味过重，不宜搁置太多。

汁碟
Watery Liquid Sauce for Dipping

汁碟以平日最常见的各种酱汁为主，大部分的汁碟主要是搭配浓汤火锅使用，包括各类粤式海鲜火锅、豆捞火锅、骨汤火锅和粥底火锅等。因为味道清淡，汤底浓郁，能够进一步提味的酱油和蚝油汁这一类型的汁碟在火锅蘸料中占据了十分重要的位置。

酱油
soy sauce

酱油，俗称豉油，是由大豆和小麦制油、发酵酿造而成，是我国传统的调味料之一，早在南宋著作《山家清供》与《吴氏中馈录》中便有用其烹调食物的方法记载。古法酱油是将腌肉剁成肉泥发酵而成，或是加入动物血液制成。自天然发酵的古法发展至如今纯熟的酿造工艺，酱油已经有多年的历史。现代酱油则分为上色用的老抽酱油和提鲜用的生抽酱油两种。在火锅蘸料中非常常见的酱油有：生抽酱油、鱼露、海鲜酱油等。生抽酱油适用于为各类火锅增添咸味和豉香风味，鱼露和海鲜酱油是经由生抽酱油搭配鱼虾精华液进一步酿造而成的，适合搭配用于海鲜火锅或豆捞火锅的蘸料中，起到提鲜的作用。

蚝油
oyster sauce

相传1888年，在珠海南水一座盛产生蚝的小岛上，一家茶寮的老板临时有事离开家，忙碌了大半天后突然想起来家里锅中正在炖煮牡蛎，慌忙跑回家中。掀开锅盖一看，锅底只剩厚厚一层棕褐色浓密黏稠的酱汁。闻着这扑鼻而来的香气，茶寮老板忍不住尝了一口，顿觉鲜香美味，这便是蚝油的由来。蚝油是广东地区极其普遍的一种家常鲜味调料，只需将牡蛎熬制到一定黏度，经过过滤浓缩便可制作成。蚝油状如油脂，呈深褐色，口感顺滑，具有牡蛎独特的咸鲜味。有"海底牛奶"之称的牡蛎所熬制出来的蚝油营养价值高，味道鲜美。因为不适合高温烹煮，一般多用于川系和粤系火锅的蘸料之中。

酱 碟
Thick Sauce for Dipping

酱碟在火锅蘸料中具有最为广泛的使用地域范围，几乎囊括了北方、粤港和川渝等地。

芝麻酱 | sesame paste

　　这是在北方火锅中最为常见的一种蘸料。随着芝麻油的出现，芝麻酱也诞生了。其原料主要是精制白芝麻，再经过筛选、水洗、烘炒和磨酱等工序方才制成，口感细滑醇香。上好且新鲜的芝麻酱浮油较少，能够适当提味。芝麻酱又称北酱，是北方人，尤其是北京人心中不可或缺的日常调料。在中华人民共和国成立初期，芝麻酱的供应量极为有限，就连老舍先生也曾向政府提案，希望解决芝麻酱的供应问题。芝麻酱适合与北方地区各种日常菜品搭配，在汤底口味清淡无味的北方火锅，如老北京涮羊肉锅中，是最为重要的蘸料。

花生酱 | peanut butter

　　花生酱是以优质花生米为原料，经过筛选、烘焙和磨酱工序制作而成的。成品为细腻的泥状，质地稍显硬韧，同时带有烘焙过的花生独有的浓郁香味。花生酱有甜、咸两种口味，多用于西餐甜点制作之中。北方火锅中的蘸料多用咸花生酱。北方火锅对肉和菜的新鲜度要求高，锅底味道寡淡，因此北派火锅的蘸料都需要加芝麻酱和花生酱这类提香的调料。在火锅蘸料之中颇受欢迎的"二八酱"便是由80%的芝麻酱和20%的花生酱为主料调和而成的。

沙茶酱 | satay sauce

　　起源于潮汕地区的沙茶酱，是福建、广东等地盛行的混合型调味品。沙茶，又名沙嗲，起初是印度尼西亚的一种风味食品，传入潮汕地区后经过改良成为符合当地人口味的佐餐酱料，同用于烤肉的东南亚风味沙嗲有所区别。沙茶酱是将油炸花生米磨成末，并以油炸比目鱼干和诸多香料粉调制之后封坛储存而成。酱呈糊状，色泽偏橘褐色，极具香甜稠的香气，风味浓郁。因为和牛肉搭配口感绵绸，如覆上油脂般鲜甜可口，所以沙茶酱是潮汕牛肉火锅、豆捞火锅等粤式火锅的常见蘸料。

黄豆酱 | soybean paste

　　黄豆酱又称豆酱、黄酱。在西汉元帝时代史游的《急就篇》中，唐代颜师古如此标注："酱，以豆合面而为之也，以肉曰醢，以骨曰臡，酱之为言将也，食之有酱如军之须将，取其率领进导之也，一作浆。"自西汉以来，便有酿造豆酱的记载：混合大豆和面粉，发酵酿造而成。后又发展出单独将黄豆炒熟或蒸熟碾碎发酵而成的做法。富含浓郁酱香的豆酱呈红褐色或者黄褐色，味道咸甜适中。豆酱主要产地为广东佛山地区，通常搭配粤式海鲜火锅食用。

韭花酱 — chives sauce

　　韭菜是一种北方人钟爱的食物，但只能在夏秋两季买到。为了保存韭菜，北方人便在冬季来临之前、韭菜开花之后将其中的菜籽或者是韭花采摘下来，加入食盐、苹果和姜等材料，用石磨磨成稀薄的糊酱后封坛保存以供四季随时取用——这便是韭花酱的制作过程。韭花酱的气味十分浓烈，有着同麻酱截然不同的蒜素味，入口却带着温润的口感，平时可用来拌面或者夹入饼中食用，亦常同豆腐乳搭配用于各式北方火锅中。

甜面酱 — sweet fermented flour paste

　　甜面酱又称甜酱。和豆酱有所不同的是，甜面酱是以面粉为主要原料，经过制曲和保温发酵而成的一种酱，呈黄褐色或红褐色，呈现澄澈的光泽，散发酱香。入口缠绕在舌尖的丝丝缕缕甜味，是源于发酵过程中所诞生的麦芽糖等物质。甜面酱除了可用于烹调以外，也经常用作烤鸭、大葱、黄瓜等食物的蘸料伴侣，甜中带着微咸的口味让它在北方调味酱中独树一帜，在当地火锅的蘸碟中也经常见到甜面酱的身影。

豆腐乳 — preserved beancurd

　　豆腐乳为我国知名发酵制品之一，历史最早可追溯到公元5世纪。魏代就有腐乳生产工艺的记载，距今已千余年。在《本草纲目拾遗》中有记载："腐乳一名菽乳，以豆腐腌过，加酒糟或酱制者。味咸甘、性平，养胃调中。"制作腐乳需要先将大豆制成豆腐，然后经过排乳、自然发酵和搓毛腌制等工序。豆腐乳有多种，如白腐乳、红腐乳、青腐乳、花色腐乳等。其中，白腐乳在各式肉汤类火锅的蘸料中最为常见。它虽然闻起来有些臭味，但是口感顺滑，吃起来唇齿间夹杂着十足的香气，实属开胃佳品。

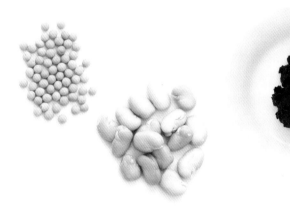

豆瓣酱 — thick broad-bean sauce

　　豆瓣酱是豆酱的一种，主要是由蚕豆、黄豆、食盐酿造而成的。因为各地食用习惯的不同会酌情添加不同的辅料，如辣椒、香油等。普通豆瓣酱颜色深沉呈棕褐色，酱味浓重。而香辣豆瓣酱色泽红润鲜亮，口味香辣，远远闻着便有一股辣气直冲入鼻腔，足以令人分泌唾液。豆瓣酱平日里多用于烹饪菜肴，也会出现在部分北方火锅和川渝火锅的蘸料中，用它来除荤腥气味是再好不过了。

干 碟
Solid Condiment

干碟常见于川渝地区。虽然川渝火锅本身已有足够的辣味，但干碟能够使火锅的麻和辣更上一层楼。干碟，顾名思义，其材料无水无油，如同是烤肉上桌之前所撒香料一般的神来之笔。

辣椒面
chili powder

　　将洗净晒干后烘炒的红辣椒，切成段，并碾碎而成的均匀红黄色粉末，便是俗称的干辣椒面。辣椒面之所以出现，是因为它相比普通辣椒更易于保存且可存放时间更久。它具有非常浓烈的辛辣味和香味，能够刺激味蕾，使食用者食欲大增，一般作为川渝火锅的蘸料使用。

小米辣
xiaomila

　　小米辣为圆锥形的辣椒属植物，多产于云南、广西一带，颜色偏鲜红或金黄，汁水丰富，形状小而窄细，味道极其辛辣，常见于滇菜、川菜和湘菜等口味偏重的菜系。在火锅蘸料中，一般将其直接剁碎放入碗中，按个人喜好酌情添加食用，不仅有杀虫的功效，还能够开胃、暖胃，在食用之时更有一股别样的植物清香。

茸泥碟
Mashed Sauce

将不同的香料剁成茸泥状，能够最大限度地激发原料的香味。这类型的调味料通常会被当作辅料，可与油碟、汁碟、酱碟、干碟这四种不同的蘸碟搭配食用。

蒜泥 | mashed garlic

大蒜是油碟里不可或缺的角色。略带辛辣的它剁成泥状后，能给食物提味，增添香气。同时它具有解毒杀虫的作用，能够在以食用动物内脏为主的川渝火锅中达到高温烹煮之外的二次杀菌效果。蒜泥不仅能够去除食物中的杂味，其杀菌解毒的功效对身体健康也有一定的好处。

沙姜 | sand ginger

沙姜，又称山柰，属姜科的一种植物，主产地为广东。沙姜呈褐色，略带光泽，味道辛辣而带有甜味，质感丰富脆嫩，在广东南盛一带多用作烹饪配料，甚至入药。其口感不如嫩姜般爽脆，也不似老姜般粗糙，但却有别样的微微毛糙且微辛的口感，适合给未添加过多作料的食物提味。因此，沙姜多用于椰子鸡火锅等清淡火锅的蘸料中，和海鲜酱油搭配食用。

经典蘸料搭配

芝麻酱 + 韭菜花 + 豆腐乳
口感醇厚如脂膏，带有腐乳和韭菜花独特的发酵香气，适用于北方各类涮肉火锅。锅中不掺杂过多香料的鲜肉，包裹着浓郁的酱香气息，入口只觉唇齿留香。

蒜泥 + 香油
一把剁得极松软的蒜泥，搅和着一碟润滑香油，蘸取试吃并无盐味，沾染上菜后仅有少许的颗粒感，泛着些许辛辣，这一碟蘸料适合搭配滚烫鲜辣的川渝火锅。一勺温润的香油浸入，像给刚捞出锅的菜品覆上了一层保护膜，将菜香和辣气都牢牢锁在菜品里，一口下肚温热爽滑。

辣椒面 + 花椒面 + 花生碎
盘中交叠的辣椒面与花椒面，将其与花生碎轻轻搅拌在一起，口感干燥，更充斥着毫不迂回的辣味，在口中有极强的存在感，为食物增添更加丰富的层次，同样也适用于热辣的川渝火锅。

沙茶酱 + 蒜蓉 + 香油
讲究鲜甜爽口的粤式火锅，在往各色鲜美的锅底中下入最为新鲜的菜蔬鱼肉后，一碟微甜的沙茶蘸酱便是至高无上的搭配了，尤其是对潮汕牛肉火锅而言。香甜的油膏不仅掩盖了牛肉腥气，还能够映衬出原始的肉香，突出它极富嚼劲的口感。

海鲜酱油 + 蚝油 + 醋 / 青柠
同样适用于口感鲜甜的粤式火锅，蘸料是以海鲜酱油和蚝油为主。粥底火锅、椰子鸡清汤火锅在邂逅以青柠或香醋等提酸的蘸料时，一方面提升了其原味所不能有的酱香味，另一方面又有解腻去腥的作用，足以令食客胃口大开。

06

火锅伴侣：我们吃火锅时在喝什么？

Hotpot's Partner: What Beverages Do We Have?

文：林若羽 编：陆沉 编：黄梦真
text: Renee Lin edit: Yuki photo: Huang mengzen

倘若将火锅视作一幅油画，食客是画者，锅底是画布的材料，菜品是画上的景象，蘸料是镶嵌的画框，那么饮品便是为这幅画作增加光泽度的上光油。一顿火锅的热闹，总少不了饮品的锦上添花。然而这"上光油"，因为各种饮食派系的文化传统不一，"画者"想要揣摩的风格不同而有着多样的选择。

甜畅淋漓的火锅、高温浓厚的汤底，涮烫着送入口中，或辣或鲜的滋味令人食指大动，欲罢不能。端起桌畔的杯盏，一抹水汽浸润了过烫的口腔，如同鼓噪的夏夜里袭来的微风那样清爽，寒冬小屋里围坐的暖炉那样舒适。

茶
Tea

"寒夜客来茶当酒，竹炉汤沸火初红。"杜耒的《寒夜》中，温一壶热茶代酒，在寒气凛冽的时节亦是如此令人回味无穷。当茶——养生的不二佳品遇到火锅时，尤其是在容易引起上火的麻辣火锅面前，便成了同火锅搭配的重要饮品之一。

老鹰茶

又名老荫茶，凭其琥珀色般澄澈的茶汤、入口浓涩回味甘甜的独特口感和珍贵原始的生长环境而在川渝地区颇受欢迎，已有长达百年的饮用历史，当地人常常采制后入药或冲泡服用。老鹰茶盛产于川西密林地区，其名称由来一说是因为茶树产于山间峭壁，生长地区海拔较高，唯有老鹰可啄食；而另一说则是老鹰会叼衔其茶梗筑巢，以其独特的芳香油气味驱赶前来偷幼鹰的蛇鼠。《本草纲目》中记载老鹰茶有"止咳、祛痰、平喘、醒酒、解毒、消暑解渴、理气健脾、和胃怡神之功效"。过去川渝人民在食用火锅之时，店家都会主动为食客配上一壶解暑避热的老鹰茶。

凉茶

在茶饮发展的漫漫历史长河之中，衍生出了一种与火锅搭配的经典饮品：凉茶。凉茶起源于广州，是一种传统的中草药植物性饮料。它的功效不仅在消除体内暑热，还可用于治疗喉咙干疼等病症。在觉得身体不适时，大多数的广东人会去路边的凉茶店内喝一杯凉茶，以预防病症。在火锅店中最为常见的并非正统的广东凉茶，而是凉茶饮料。因为正宗的广东凉茶的味道类似中药一般苦涩，同火锅一起食用容易破坏其药效。经过调味之后的凉茶饮料提升了甜味，中和了涩苦，让人们可以更为轻松地喝下，即便药效不如正宗凉茶那般好，也可以达到适度解腻的效果。

酒
Alcohol

古往今来，酒一直是饭桌上不可或缺的一道助兴之饮，更遑论火锅这种热闹非凡的菜式。亲朋好友共同围坐一炉，端些酒上来，三杯两盏下肚，伴着咕噜冒泡的滚油热汤，言笑晏晏，推心置腹。映在脸上红灿灿的微醺，同火锅周围弥漫的热气相得益彰，令人开胃且开心。

二锅头

一小盏澄澈的二锅头入口，足以刺激得人从座位上弹跳起来，一瞬间便有细密的汗珠袭上额角。过于浓烈的香气和辣味，是以"锅头"酒经过第二锅烧制而产生的绝妙口味。这种在北京街头巷尾都格外常见的小方瓶，不同于高成本酿造的珍贵白酒，其传统酿制技艺却已被列为国家级非物质文化遗产。在搭配火锅时，二锅头充当着如同划拳一般的助兴角色。虽然它常见且低价，却足以使气氛更加热闹。尤其是在冬季，一瓶二锅头会给寒夜里吃火锅的食客带去别样的温暖。

青岛啤酒

青岛啤酒作为我国最早的啤酒生产厂家之一，结合了德英两国的酿造和保鲜技术，在将近百年的发展历程中，不仅成为全国人民心中的一线酒饮，在海外市场的啤酒评比榜上也能够经常见到它的身影。尤其是夏季时分，刚从冰柜里取出来的啤酒泛着冷气和麦芽香气，入口纯净又利落，入肚凉爽又开胃，配上这一锅子翻滚着的菜肉，足以消去炎炎夏日的一身暑气，回味无穷，实在令人好不惬意。

植物蛋白饮料
Vegetable Protein Beverages

植物蛋白饮料的出现，同民众对自我健康管理意识的提升有着极大的联系。以豆类、谷物类、植物果仁为主要原料的这类饮品，因富含营养维生素和蛋白质，是我国奶源严重缺乏之时的替代营养品。其以独特的风味和同奶制品相似的口感从诸多饮品中脱颖而出，深受大众喜爱。

豆奶

在四川人民的心中，吃火锅时的最佳搭配当数豆奶。1937年，随着抗日战争的全面爆发，豆浆产业陷入停滞，低迷的状态一直持续到1940年。豆奶的重新诞生标志着战后新生活的开始，香港地区的维他奶便是当时的先驱，引领了整个豆奶市场的发展。到1991年左右，以四川为首的中国内地市场开始出现本土品牌，一些当地企业采用花生和大豆为原料，以年轻女性为主要消费群体，专门研究出了适合热爱火锅的四川人的经典豆奶饮品。四川人喝豆奶的习惯便是从这时开始养成的。夏季的豆奶冰镇过后消暑又解辣，冬季的豆奶温热过后驱寒又暖胃。这种带有豆类独特香浓口感的饮品，成了四川人吃火锅时解辣的首要选择。因为其营养十足，无论老人还是小孩都可以饮用，豆奶的受欢迎程度也与日俱增。该产品的营业额从两千万元提升到如今七亿多元，在西南地区的市场占有率已高达75%。时至今日，豆奶依然是四川当地人心中不可或缺的饮品。

杏仁露

以天然野生的杏仁为原料的杏仁露也是植物蛋白饮料的一种。因不含胆固醇或乳糖，被视为牛奶的替代品。在古代，杏仁便被人们用来治疗疾病或美容，促进血液循环，还有润肺止咳的功效。杏仁露多是将甜杏仁磨成细浆，滤掉渣滓之后加入水、糖和奶煮制而成，口感香浓，但带有些微杏仁的苦味，不是能为通常大众所接受的口味。杏仁露适合在冬季加热之后饮用，搭配火锅能够暖胃。

椰汁

另一款国民级别的植物蛋白饮料当数海南椰汁。海南椰树集团用海南特产的椰子肉，搭配一定比例的水和糖，以独有的油水分离技术开发出了这一款味道独特而鲜甜的饮品。这一款海南本土的饮品，不仅仅是海南当地人的心头之好，更受到全国各地人的追捧，甚至被选入国宴饮料。虽然同豆奶的原料不同，但这两款饮料都有着相似的地方：口感醇厚，口味清香带有丝丝奶味，老少皆宜。对喜欢牛奶般清甜香滑的口感并追求高营养价值的食客而言，这一类型的植物蛋白饮料可谓吃火锅时饮品的第一选择。

碳酸饮料
Soda Drinks

碳酸饮料，俗称汽水，是一种极具刺激性的清凉软饮料。汽水中所含有的二氧化碳与水发生化学反应形成碳酸，因为不溶于水且不被肠道所消解，所以饮用汽水时常常会打嗝儿，而热量便会由此被二氧化碳带出，非常适合在食用热烫的火锅时饮用，以解渴降温。在计划经济时期汽水因为数量有限，仅提供给经过预定和审批的部分企业或单位作降温防暑用。随着经济的发展，汽水的种类变得多种多样，成了人们餐桌上的常见饮品。

冰峰

诞生于1953年的冰峰在西安几乎无人不知。这种装在透明玻璃瓶中的橘子味汽水已有65年的生产历史，是当地人心中的经典饮品之一。在西安，人们不仅仅在吃火锅的时候想到它，即便吃着日常常见的羊肉泡馍，也要开上一瓶冰峰。喝冰峰已经成了一种西安文化。

北冰洋汽水

同冰峰一样酸酸甜甜，封装在玻璃瓶子里，喝完后还能够继续拿空瓶去小店里续的北冰洋汽水，是北京当地人内心绝对的老品牌。北冰洋之于北京，如同冰峰之于西安。在经历了15年的停产后，重新上市的北冰洋汽水改变了配方，但仍保留着最传统的味道，保留着现代人儿时纯真的记忆，是怀旧的人们吃火锅时最佳的饮品选择。

大白梨

在冰峰、北冰洋等橘子口味汽水盛行之时，哈尔滨光华饮料厂为开发新味型的饮料，研发了这款带有清香梨味的碳酸饮料。这封装在绿色啤酒瓶里的三毛钱汽水，凭借它十足的分量和独特刺激的口味，席卷了整个哈尔滨，影响力辐射至辽宁甚至整个东北，在当地人们心中留下了不可磨灭的童年回忆。

汤品
Sweet
Soup and
Desserts

传统的汤品由大量的水和蔬菜、肉类等原料烹煮而成，是一道日常可见的菜肴。其主料和烹煮时长不同，但都具有滋补、解腻、开胃等功效。大多数汤品以肉汤为主，调味偏咸，然而食用火锅时搭配的汤品原料多采用植物或其果实，属甜汤类，通常冰镇后饮用风味更佳，且从古至今多有悠久的传承历史，常见于宵夜小吃，更是火锅解腻的不二选择。

酸梅汤

酸梅汤是老北京传统的消暑饮料，采用乌梅、山楂、桂花、甘草等材料加入冰糖、水长时间熬制而成。被称为"清宫异宝"的酸梅汤，自清代御膳房传入民间。清代郝懿行的《都门竹枝词》中描写道："铜碗声声街里唤，一瓯冰水和梅汤。"在北京街头卖酸梅汤的人总会手里掂着两个小铜碗，一上一下，发出清脆悦耳的敲打声，吸引人们。乌梅和山楂有着消解油腻的作用。一碗爽口酸甜的酸梅汤，不仅价廉味美，更有化痰止咳的功效。在炎热的夏季，一碗下肚，暑气全无。

冰粉

从街头小吃到火锅伴侣，冰粉一直是四川人的夏日解暑利器。作为四川著名小吃的冰粉，因其嫩滑爽口、冰凉香甜的特性一直高居夏季宠儿的位置。据传，明清时期有一名武阳姑娘无意捡到一根树藤上的树果，发现其果浆透明凝结如冰，兑入红糖水后尝其滋味觉得沁甜爽滑，便将其命名为冰粉。冰粉一开始只在武阳周边售卖，后来逐渐传至四川各地，在晚清时期更盛。现已发展出以葡萄干、山楂片、花生碎等各种爽脆和酸甜的配料搭配而成的不同口味的冰粉，更加开胃。因为冰粉的特殊时令性，一般会出现在川渝火锅的夏季菜单上，冬季则销声匿迹。

07

香 料 的 奥 义

The Spices in Hotpot

文: 邓频 编: 陆沉 图: 廖思睿
text: DengPin edit: Yuki photo: Liao Sirui

说起吃火锅，想必大家都曾有过吃完火锅身上仍然残存着火锅香气的经历。火锅是各种食材共聚一锅的独特烹饪手段，自然各色食材、各种味道相互交织，气味繁多，它们的冲撞和融合在所难免，而这大锅混煮的过程对各种香料香味的调和、强化和固定的作用是至关重要的。

| 辣椒 | 花椒 | 小茴香 | 八角 | 香叶 | 丁香 | 草果 | 孜然 | 白芝麻 |

首先，火锅香味基调便是由火锅底料完成的。一般火锅的底料主料是：辣椒干、花椒、八角、小茴香、香叶、丁香、草果等。这些辛香材料各具芳香特色，其各自本身的味道都能促进唾液的分泌，闻之令人食欲大增。另外，因芳香浓郁，它们一定程度上都对火锅肉类食材的腥膻之气有重要的掩盖作用，对去除异味颇有奇效。

其次，部分食材有特别的香味，馥郁香料的过分遮盖可能会令这些食材本来的美味丧失，因此选择合适的香料提味、定香也是极为重要的。如八角、小茴香、草果、白芝麻、孜然等香料可以提味增鲜，使羊肉等具有独特鲜香的肉品肉味更为凸显，又可以去除其腥膻。

再者，除了作为底料，香料作为蘸料对火锅食材美味的作用也不容忽视。如辣椒粉、花椒粉、小茴香、白芝麻、孜然等，不同的原料配比，可以组合出各种各样不同风味的蘸料，为精心烹煮出的火锅食材增添独特的后味，使其别具风味。

以下就几种较重要的香料做一点简单介绍。

火锅中的常见香料
Common Spices in Hotpot

小茴香

Foeniculum vulgare

　　小茴香，又名怀香、莳萝、香丝菜、谷茴香等，原产于欧洲南部和地中海沿岸地区，公元8世纪经丝绸之路传入中国，茎、叶、果实皆具清香，其中小茴香就是指茴香菜干燥成熟的果实。

　　茴香，因与"回乡"音同，故它与象征团圆的火锅可谓相得益彰，小茴香与火锅共同增添了节日的气氛，表达了团圆的祈愿。

　　小茴香性温味辛，有健胃散寒、止痛活血的作用。在火锅中加入小茴香，其味清香可促食欲；也可将小茴香磨成粉，作为蘸料调味，辛香美味更为凸显。

八角

Illicium verum

　　八角，星状排列的骨突果，由八瓣聚合而成，因此得名；又名八角茴香、大茴香、大料等，产于广西南部及西部地区，是我国的特产香料。

　　在宋代范成大编撰的《桂海虞衡志》中，就有关于八角茴香的记录："八角香，北人得之以荐酒，少许咀嚼，甚芳香，出左右江州洞中。"古人饮酒，直接将八角当作佐酒小食，亦颇有情趣和意味。

　　八角，性辛温，味甘甜，内含茴香油，具有强烈而浓郁的香气，一直被广泛运用于各色菜肴当中。在火锅中加入八角可以增香、去腥、解腻、促鲜、助食欲。

辣椒 *Capsicum annuum*

辣椒，又名番椒、海疯藤、海椒、榛椒、辣茄等，原产于美洲。辣椒在明代传入中国，清代才被广泛种植和应用；起初被当作观赏性的"花"，而后因其辣味出众取代胡椒成为调味品。在中国，吃辣椒已经有几百年的历史，中国人对辣椒也极为偏爱。

著名的文学家、思想家鲁迅先生就极为嗜辣，常常在寒冷冬夜写作时以辣椒御寒。每当夜深人静、天寒人困时，鲁迅先生就将辣椒放进嘴里嚼，直辣得他额头冒汗，浑身发热，寒意和困意旋即消退，创作灵感和思想光辉得以继续迸发。

火锅底料中一般选用干辣椒，干辣椒是由红熟鲜亮的椒果晾晒而成的。如果偏好浓重的辣味，可将干辣椒先入锅用油炒香，使其内部香味和色素充分渗出；如果口味要求不太辣，则可将干辣椒入沸水锅焯水，减其辣味，再撒入火锅中，虽辣味不足，然鲜亮有余，亦增添火锅的独特风味。火锅中的干辣椒除了具有除膻调味、去腥解腻的功效之外，其鲜红的色泽对食欲的促进作用也不容忽视。

此外，辣椒也以辣椒粉的形态出现在火锅的蘸料当中。辣椒粉并不完全是辣椒磨成的粉，还会添加葱、姜、蒜、味精等多种调味粉，按一定配比混合。辣椒粉的功用主要是提味，不同原料配比的辣椒粉风味也不同，千种配方、万种滋味，留待食客品评。

花椒 *Zanthoxylum*

花椒，又称椒、大椒、秦椒、蜀椒、巴椒、黎椒、椒聊等，是中国本土的一种植物。早在先秦时期中国人就已经开始利用花椒，《诗经》中有"椒聊之实，蕃衍盈升"之说，《楚辞》中有"蕙肴蒸兮兰藉，奠桂酒兮椒浆"之咏。花椒气味辛香，古人多将之用来供神、祈福、祭祀，还有定情。魏晋以前，花椒多作为香料、殉葬品、象征物等；魏晋之后，花椒的药用价值和调味功能才逐渐被开发出来，成为中国人餐桌上不可替代的调味佳品。

花椒因为籽多，因而被借喻为妇女多子，汉人称皇后所在的房室为"椒房"，除因其以花椒作为香料混合泥土涂抹墙壁外，还有"多子"的吉祥意义。后来因"椒房"的美名而致"椒风"大盛，"以椒涂室"发展成为权贵们炫富斗富的手段，西晋时期的富豪石崇与王恺争豪斗富，就不惜血本"涂屋以椒"，劳民伤财，遗祸百姓，花椒又因之无辜增了骂名。

火锅中的花椒因其香味出众而颇有存在感，花椒可去除各种肉类的腥膻臭气，还可促进唾液分泌，增加食欲。麻椒是花椒中的一种，但不同于普通花椒，被广泛运用于四川火锅当中，是四川独具特色的麻辣火锅底料当中重要的一员。与一般的花椒相比，麻椒颜色更浅，风干后偏棕黄色，气味之芬芳稍逊，但口感更添麻味，而且麻的时间持久，配合辣椒，可以带给味蕾不一般的麻辣体验。

香叶　Leaves of *Laurus nobilis*

香叶，又名月桂叶、香桂叶、月季叶、天竺桂、桂叶等，原产于地中海沿岸及小亚细亚一带，现在广泛传播到世界各地，我国产的香叶则分布在南方诸省。

相传，太阳神阿波罗恋上月桂女神达芙妮，但是达芙妮崇敬月亮女神卢娜，愿一生随侍，不愿谈情说爱。面对阿波罗的穷追不舍，达芙妮请求其父河神珀纽斯将自己变成月桂树守护月亮女神，痛失爱人的阿波罗将月桂树的枝叶做成发冠，树枝做成琴骨，花朵装饰弓箭，以求爱人永伴左右。在这个故事中，月桂是一个具有明显象征意义的符号，表达了阿波罗对达芙妮的怀恋。

香叶，味苦、清香，正符合爱恋的滋味，火锅中加入香叶使得滚滚浓汤更添辛香。

丁香　*Syzygium aromaticum*

丁香，又称丁子香、支解香、宫丁、鸡舌香等，原产于热带坦桑尼亚、马来西亚、印度尼西亚等地，我国广东地区亦有。丁香虽分公母，但并没有性别之分。未开放的花蕾为公丁香，成熟的果实为母丁香，两者大小、香气均有差别。公丁香小，味浓；母丁香大，味淡。

唐代诗人宋之问有口臭，便是用丁香治好的。时任文学侍从的宋之问诗文出众、仪表堂堂，却一直不得武后重视，后来武后当面指出缘其有口臭，自此宋之问口含丁香以解其臭。丁香相当于那个时代的口香糖。

除了是极好的药材，丁香还是极佳的调味品。火锅当中加入丁香，肉烂汤鲜，芳香四溢。

草果　*Amomum tsao-ko*

草果，又名草豆蔻，是亚热带的香料作物，我国的草果主产于云南，自元代起就被作为贡品。

西南地区人民的家中常备草果作烹调之用。与生活的密切联系，使得草果在一定程度上也反映出西南地区人民质朴坚韧的品性，如仡佬族古歌《找草果》就记录了仡佬族先人原始生活的场景，草果形象可视为仡佬族人质朴的族类象征意象。

草果全株有辛香，果味辛，性温，香气浓郁，味道醇厚，火锅中加入草果对牛、羊肉或猪肉的腥膻有极好的掩盖作用，并且可以增添馥郁的香气。凭借其特殊的辛辣香味，可去腥提味，令人难忘。

白芝麻

Sesamum indicum

　　芝麻，又名胡麻、脂麻、乌麻、巨胜、狗虱、油麻、交麻、小胡麻等。芝麻有黑白之分，黑芝麻主要作药用，白芝麻主要作食用。

　　白芝麻可以加工成芝麻酱，成品呈泥状，有浓郁的芝麻香味，入口为甜味。北京人讲究吃，芝麻酱则是北京美食的最佳伴侣。夏季吃冷面拌芝麻酱，冬季吃羊肉火锅蘸芝麻酱，都是颇具老北京风味的吃法。

　　火锅中的芝麻蘸酱，既能凸显出羊肉的肉香，又能掩盖住羊肉的腥膻，而芝麻本身的香气也增添了食材的醇美风味。

孜然

Cuminum cyminum

　　孜然，又名香旱芹、枯茗、马芹子、安息茴香等，原产于地中海及中亚地区，我国新疆、内蒙古、甘肃等地均有种植。孜然具有特殊的香味，是新疆各色小吃的主要香料，在火锅蘸料中也占有重要的一席之位。

　　孜然的外形很像茴香，果实富油性，气味芳香浓郁，能够很好地去除其他异味，还能解除肉类的腻味，并且遇高温香味愈加浓烈，因此也常用在火锅蘸料当中。当热腾腾的涮肉与孜然相遇，肉香与孜然的异香交相融合，味道令人陶醉。

08

老北京涮肉：
锅必是铜锅，肉必是羊肉

The Traditional Beijing Style Hotpot :
Must Be Copper Pot with Mutton Slices

文: 邓频，闫潇怡 **采:** 闫潇怡 **编:** 陆沅 **图:** 黄梦真
text: Deng Pin, Yan Xiaoyi **interview:** Yan Xiaoyi **edit:** Yuki **photo:** Huang Mengzhen

提起北京的冬天，印象里除了凛冽的寒风，便是顶着寒风和两三好友寻一火锅店，窝在店里吃美味的铜锅涮羊肉了。北京的铜锅涮羊肉，早已成了北京人冬日的饮食风尚。大铜锅，红炭火，配以切得整整齐齐、细细薄薄的羊肉卷筒，再蘸上鲜香味醇的麻酱，美味又温补。

铜锅、羊肉、麻酱，是老北京涮羊肉的经典标配。

涮食的考证

火锅是一个笼统的名称，根据食材、器具、吃法的不同，有多种多样。火锅的吃法大体分为三种：炖煮、染食和涮食。早在新石器时期，人们用陶鼎烹煮食物的吃法就是炖煮；染食是与调制好的调料一同放在锅中烹煮的吃法；涮食是将切成薄片的肉类食材涮煮再蘸以调料的吃法。

涮食法在先秦时期就已经出现，并且与染食法颇有渊源。染食，将食材和酱料一起放在加水的染杯里，再在染炉上加热烹煮。涮食，将食材置于沸水中，稍待其熟后取出，蘸以酱料而食。染食法与涮食法很接近，差别在于锅中放不放酱料，染食吃热酱，涮食吃冷酱。

染食法流行于西汉时期，但是早在战国晚期就已出现染杯、染炉等器具，可知当时已出现染食法。涮食法没有直接的文字记载，而从烹饪器具也不能推断是"涮"还是"炖"。

"涮"的吃法在当时称为"鬻"。清代人段玉裁的《说文解字注》提到："内肉及菜汤中薄出之。内，今之纳字。薄音博，迫也。纳肉及菜于沸汤中而迫出之，今俗所谓煤也。"薄，可以理解为急迫的意思。这里的菜、肉应该是比较轻薄的，将它们放在沸水里轻快地一过、急迫地取出，这种吃法不正是"涮"的写照吗？且看"鬻"的字形，下部为"鬲"。"鬲"是很古老的一种炊具，新石器时代便已存在。可见，薄切肉于沸水中"鬻"而食的吃法是十分古老的。

"鬻"食并没有谈及酱料，"鬻"然后再蘸以酱料的涮食法应当与染食法有莫大的渊源。染食法和涮食法都是先秦时期将菜、肉蘸酱吃的食用方法，何者为先尚不可知，但染食法与涮食法之间必然相互影响。到了东汉时期，染食法渐渐不再流行，涮食法取而代之成了火锅的流行吃法。而等到"涮羊肉"成为一个火锅品类流行起来，还要经历漫长的历史发展进程。

酸梅汤是老北京传统饮料，用乌梅、山楂、桂花、甘草、冰糖熬制而成。除了供应"信远斋""九龙斋"等知名酸梅汤品牌外，不少火锅店会自己熬制酸梅汤。

涮羊肉的历史渊源

民间相传，铜锅涮羊肉是忽必烈在远征途中发明出来的一种吃羊肉的方法。虽然并没有确切的史实记载涮羊肉的由来，但传说也并非无稽之谈。很可能在元朝的宫廷已经有了涮羊肉。关于涮羊肉确切的记载是在内蒙古自治区昭乌达盟敖汉旗康营子辽墓的一幅壁画上：画中三人围坐，有一人拿着汤勺搅动着锅中的热水，一人拿着筷子正往锅中伸去，前方案几上放着盛装酱料的小碗小碟。这幅壁画的创作时间在辽代早期，比忽必烈所在的时代还要早300年。

《马可·波罗游记》中就有马可·波罗在元大都的皇宫中吃涮羊肉火锅的记载。因此，英文对涮羊肉的翻译是Mogolian Hotpot，法文则是La fondue mongole，都有蒙古火锅的意思。

到了清代，满族人也爱吃羊肉，对涮羊肉的记载也比较清楚了。康乾盛世时期，共举办过四次千叟宴，康熙朝两次、乾隆朝两次，每次都宴请了上千名老人。宴会人数众多，且有皇帝出席，宴席礼节繁复，做炒菜很容易凉，而火锅却十分相宜。那时涮羊肉还属于宫廷佳肴，羊肉算比较贵重的食物，因而民间还是很难尝到的。

到了清晚期，涮羊肉流传到民间。咸丰四年（1854年），前门外的正阳楼开业。正阳楼以善切羊肉而闻名，切出的羊肉片薄如纸。羊肉切得好正是涮羊肉好吃的关键，于是正阳楼成为京城最负盛名的涮羊肉馆。后来，回民丁德山辛苦创业，在1914年创立"东来顺羊肉馆"。1942年，正阳楼倒闭，东来顺却越做越大。自此说起北京，就有"涮羊肉"；说起"涮羊肉"，便数东来顺。如今北京的大街小巷也遍布着各品牌的涮羊肉馆。

老北京的冬天印象

老北京的冬天必吃热腾腾的涮肉：锅得是铜锅，肉得是羊肉。北京涮锅的铜锅膛内加了一层锡。形制头大底小，体高膛大，容炭量大而不飞灰。铜锅分为三部分：上部为通心烟囱，中部为盆状锅体，下部为炉式支架。使用时先向锅内加入底汤，然后把燃红的木炭加到炭炉之中进行加热，使用时随时添加底汤。羊肉的门道就更多了，多和羊肉搭配的，还有爆肚。

铜锅的秘密
The Secrets of Copper Pot

Q：老北京涮肉为什么用铜锅？红铜和黄铜锅子有什么不同？

A： 铜锅耐高温，适合当火锅锅具。红铜也就是紫铜，是一种纯铜制的锅，价格比黄铜要贵一些，但加热之后会产生极少量的有害物质。现在国家对食用器具有相关规定，黄铜能够达到食用器具的标准，所以现在就都改用黄铜了。

Q：锅具和过去相比有什么变化？

A： 旧时的铜锅都是上面放炭，底下留口通风。现在好多门店在出租的时候就明文规定不让使用炭，只能用电磁炉加热，所以我们现在的锅是在炭锅的基础上改良的，既能做到环保卫生又能维持铜锅原本的外形，会让客人有吃到地道传统火锅的情怀感。我们在铜锅的底部基座里加满水，由电磁炉加热底部，再靠水导热将锅烧开。

　　如今在环保的大趋势下，全城禁炭是早晚的事，所以对铜锅的改造也是大势所趋。有人说炭锅煮的羊肉更香，但是很多传统的东西现在确实很难保留了。以前用炭锅吃涮羊肉的时候，还可以把涮好的羊肉贴到中间的铜壁上烤一烤控控水，甚至能烫出油花来，这也是很多至今仍在用炭锅的店里的羊肉味都特别浓的原因。现在改成了电磁炉，就少了一些吃羊肉的乐趣。

Q：铜锅以前是烧炭的，如何控制火候？

A： 以前的炭锅在锅上面有个压火帽，把帽打开，上下通透，火会比较旺；把那个帽一点点封住，火就会慢慢变小，总体来说炭锅是比较好把控火候的。现如今用的都是无烟的炭，耐燃，能燃烧至少两个小时，大部分顾客吃火锅都在这个时间范围内，所以不用担心火会熄灭的问题。

* 该部分由北京老门框爆肚涮肉第四代传承人宋军协助完成。

铜锅分为三部分：上部为通心烟囱，中部为盆状锅体，下部为炉式支架。

涮肉底汤
The Broth

　　北京涮肉锅底主要就是在清汤里添加虾、枣、桂圆、黄花菜、葱、姜、枸杞、干百合，这些都是既能提鲜又没有异味的东西，非常适合加在清汤锅底里，而且这样的汤底不会掩盖羊肉的鲜味。"清水一盏，葱姜二三"，最简单的底汤也最考验羊肉的质量。

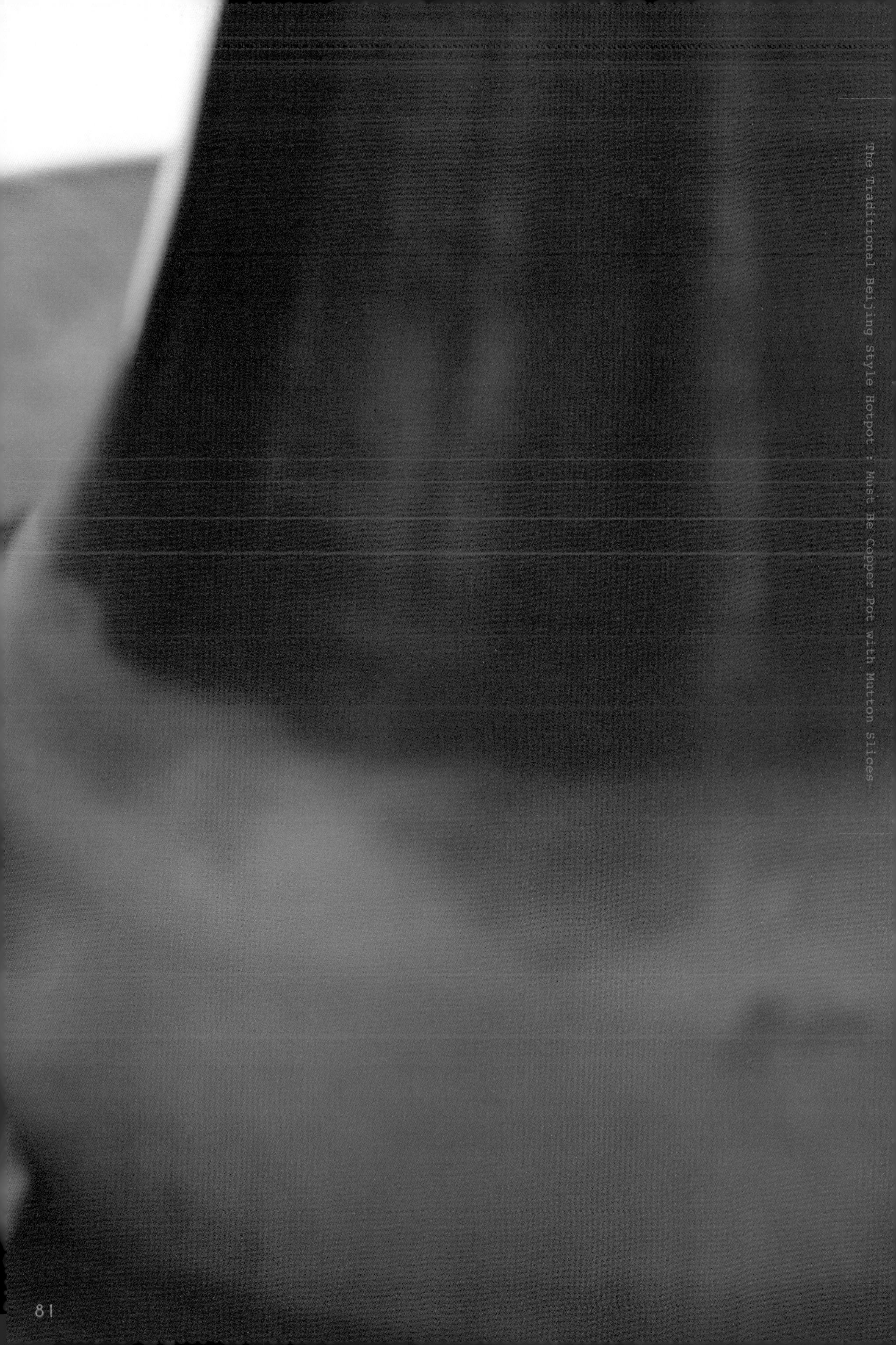

麻酱是老北京涮羊肉的灵魂。

老北京麻酱
The Beijing Style Sesame Paste

羊肉虽好，但北京涮肉锅毕竟清汤寡淡，要吃上美味的涮羊肉，绝少不了酱料的辅助。老北京涮羊肉的酱料鲜、香、咸、卤、辣五味俱全。其中芝麻酱（又称麻酱）最具老北京特色，别的佐料可以酌情添加，但麻酱不可不加，它可谓涮羊肉的灵魂。

北京以外的人可能听都没听说过麻酱，还以为是打的"麻将"。北京人对麻酱的执着非比寻常，几乎吃什么东西都乐意涂上麻酱，就连烧烤都是麻酱味的。麻酱配涮羊肉，既不会掩盖优质羊肉的肉香，又能盖住夹生不熟的腥膻味；芝麻的香气与羊肉的肉香混合，味醇而美；冷的酱料又能瞬间给热烫的羊肉降温，使之适合入口。麻酱与涮羊肉相得益彰。

Q：老北京涮肉一般如何调配蘸料？

A：麻酱、韭菜花、豆腐乳、蚝油，外加一点点鱼露，这是一碗蘸料的所有构成，这其中最主要的就是麻酱。麻酱是北京爆肚涮肉的点睛之笔，也是北京人生活中必不可少的一部分。物资匮乏的时候全国都是凭票领粮，唯独在北京地区是一定要有麻酱票的。麻酱烧饼、麻酱面、糖饼这些日常的北京小吃都需要用到麻酱。因为羊肉、羊肚有腥膻味，而麻酱是最能掩盖味道的调料，但同时它又不会影响肉本身的鲜香。除了麻酱，一般给客人配的蘸料里面也有加一些韭菜花。韭菜花和羊肉也是绝配。

Q：麻酱是怎么制作的？

A：我们的麻酱就是按照老北京做麻酱的正统工艺来的，也就是"三七酱""二八酱"这两种做法。"三七""二八"指的就是花生酱和芝麻酱的比例，不能用纯的芝麻酱做调料，纯的无法达到麻酱的口感。"三七""二八"的比例选择通常要看不同店老板的个人喜好，都是可以调整的，不过商店里卖的麻酱一般以"二八酱"居多。吃肉蘸麻酱只蘸肉的三分之一就够了，咸淡合适，从头到尾都能尝到麻酱的味道；吃爆肚蘸麻酱需要将肚整个浸到麻酱里，用麻酱包裹住整个肚，这样能够减轻内脏的腥膻味。

老北京特色小吃麻豆腐。

涮肉里的小吃和饮料
Snacks and Beverages

Q：有什么搭配的小吃或饮料？

A：麻豆腐。麻豆腐要用羊油炒，绿豆渣发酵了之后就是麻豆腐的原材料，加工一次要一个半小时，吃的时候一定要和辣椒油搭配。还有就是糖蒜、豆汁儿、豆面炸的焦圈。烧饼和绿豆杂面是吃老北京涮肉必点的主食。炸窝头片配臭豆腐——将臭豆腐抹到窝头片上再配点葱花——是北京爆肚涮肉的必配小吃之一。饮料方面，最经典的就是酸梅汤。

爆肚和涮肉时常一同出现在老北京的火锅席上。

优质的手切羊肉，即使竖起盘子，羊肉也不会掉落。

手切羊肉要求"薄、匀、齐、美"。一盘好的手切羊肉，对刀具、厨师经验、羊肉质量都有很高要求。

羊肉的讲究
All About Good Lambs

涮羊肉的羊肉片以手工切的为好，机器刨出来的容易损坏羊肉组织，下锅非常容易散。手切羊肉要求"薄、匀、齐、美"，纹理清晰、整整齐齐、自然舒展、红艳美观，铺在青花盘子里透过肉片要可以看到盘子的花纹。羊肉盛装在盘子里不管多久绝不可出水，更不可出红水，必须得是干盘。涮烫羊肉后的汤底不可有浮沫，清汤涮肉，越涮越清，涮后汤底亮晶晶的则说明羊肉品质佳。

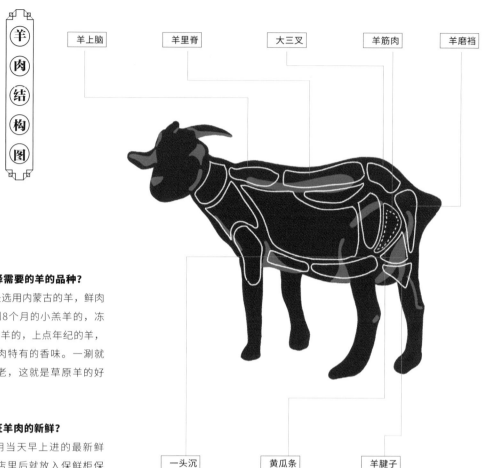

羊肉结构图

羊上脑　羊里脊　大三叉　羊筋肉　羊磨裆

一头沉　黄瓜条　羊腱子

Q：怎么选择需要的羊的品种？

A：羊肉都是选用内蒙古的羊，鲜肉一般都是6到8个月的小羔羊的，冻肉选的是1岁羊的，上点年纪的羊，其肉更有羊肉特有的香味。一涮就熟，久涮不老，这就是草原羊的好处。

Q：如何保证羊肉的新鲜？

A：每天只用当天早上进的最新鲜的肉，运到店里后就放入保鲜柜保鲜。从肉的颜色上可以区分好肉和坏肉，通常鲜红色的或是颜色发暗的羊肉都是好肉，颜色深浅跟羊的岁数有关。看着水灵但颜色较淡的肉一定不是最好的肉。

Q：羊肉可以分为哪几类？

A：一个是涮肉八部位：羊上脑、大三叉、羊里脊、羊磨裆、一头沉、黄瓜条、羊腱子、羊筋肉。鲜切切出来一般都要比冻肉厚一些，很难达到冻肉入口即化的口感。另外还有爆肚十三样：羊肚芯、羊肚仁、羊肚领、羊肚板、羊葫芦、羊散丹、羊蘑菇、羊蘑菇头、羊食信、牛百叶、牛肚仁、牛厚头、牛百叶尖。

Q：师傅切肉时有什么讲究？

A：刀具得有一定重量，有一定厚度和长度。切肉的时候要注意肥瘦均匀，筋膜要剔下来，切好平铺在盘子里的肉要做到"立盘不散，翻盘不掉"，这样的肉说明没有注水，所以有一定黏性，整体纤维也没有被破坏，所以能够依附在盘子上。手切鲜羊肉，就是不用机器切片，完全手工操作切制，秉着对古老手艺的尊重，要以祖先传授的手法按照羊腿的形状切制，完整程度、薄厚的掌握都会直接影响到食用的口感。

Q：老门框一天的经营是怎样进行的？

A：店里的羊肉都是从北京的牛街那边进货的，每天都选最新鲜的当天屠宰好的肉，最晚上午10点就能送到店里。冬天的时候一家店一天能消费十几二十个羊腿，夏天的话不确定。一般来说，店里的生意都是秋冬时最好，所以对员工的培训，寻找好的原材料都是放在生意相对不怎么忙的夏天。夏天也正是宰羊的季节，是羊肉最好的时候，一般夏天的时候我们一个月要跑两趟草原，专为选羊肉，订购原材料。

Traditional Beijing Style Hotpot : Must Be Cooked Pot with Mutton Slices

羊散丹

牛肚领

食材

手切鲜羊肉

羊肚仁

羊肚领

手切鲜羊肉

牛百叶

店内水爆过的羊散丹。

什么是爆肚？
What Is The Quick-Scalded Tripe?

人们总是把涮羊肉和爆肚这两样吃食联系在一起，大概是因为吃的都是羊的一套，从羊肉到羊身上的各种内脏，爱吃的中国人总能钻研出形形色色的吃法。北京最早的涮肉火锅店都是做爆肚起家的，后来人们发现冬天爆肚爆好了端上来容易放凉，也无法保证口感，因此才考虑弄个锅子让客人自己涮。

爆肚过程图：
水爆最能体现肚的质量。把水烧开，将肚丝焯一下即可。动作虽然简单，却极讲究技巧。

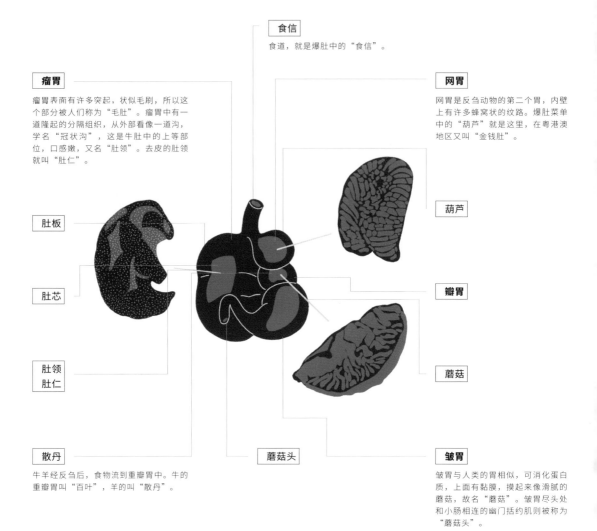

食信

食道，就是爆肚中的"食信"。

瘤胃

瘤胃表面有许多突起，状似毛刷，所以这个部分被人们称为"毛肚"。瘤胃中有一道隆起的分隔组织，从外部看像一道沟，学名"冠状沟"，这是牛肚中的上等部位，口感嫩，又名"肚领"。去皮的肚领就叫"肚仁"。

网胃

网胃是反刍动物的第二个胃，内壁上有许多蜂窝状的纹路。爆肚菜单中的"葫芦"就是这里，在粤港澳地区又叫"金钱肚"。

肚板

葫芦

肚芯

瓣胃

肚领
肚仁

蘑菇

散丹

牛羊经反刍后，食物流到重瓣胃中。牛的重瓣胃叫"百叶"，羊的叫"散丹"。

蘑菇头

皱胃

皱胃与人类的胃相似，可消化蛋白质，上面有黏膜，摸起来像滑腻的蘑菇，故名"蘑菇"。皱胃尽头处和小肠相连的幽门括约肌则被称为"蘑菇头"。

Q：爆肚是怎么制作的？

A： 爆肚最早是前门脚夫们爱吃的一种老北京小吃，是当时"穷人乐"里的上品。但是近两年，爆肚已贵了许多。

　　爆肚分十三种，肚就是牛羊的胃，其中爆牛肚有四种：肚仁、肚领、百叶、百叶尖；爆羊肚有九种：肚芯、肚仁、散丹、肚领、蘑菇头、肚板、食信、蘑菇、葫芦。但如今很少有人能把爆肚吃得那么炉火纯青了，所以大多数店里供应的都是大众在口感上接受度比较高的那几样。

　　爆可以分为油爆、芫爆和汤爆。之所以称为"爆"，就是因其速度快。把牛羊肚子切成横丝，放入滚烫的水中焯一下，这就成了。而功夫就在这一焯再一捞上，因为肚能分成各个部位，火候要求也各不相同。时间短了肚生，时间长了肚老，火候

合适，肚吃起来又脆又嫩又筋道，越嚼越有味儿。

　　最能体现肚的质量的做法就是水爆。"水爆"为烹饪方法之一，这里说的"水"就是什么都不放的清水。不同于四川地区加工过的脆肚，老北京的爆肚讲究鲜度上的口感，所以只有清水才能检验出食材新鲜与否。除了要原料新鲜外，爆肚的功夫就在一个"爆"字上了。水要量大、滚开，火力要旺。材料入汤，几秒钟便熟：肚散丹五秒，肚板七秒，肚葫芦、肚领、肚蘑菇八秒……如果爆过了火就会老硬。羊肚仁是羊胃里最珍贵的部分，一只羊可能只能切出二十多块来。散丹则讲究速度，稍微一打卷就可以出锅了，时间一长就会变硬嚼不动。虽然散丹和百叶很像，但是会吃的老北京人多会选散丹而不是百叶。

09

重庆火锅里的红

The Red in Chongqing Hotpot

文: 齐乎冀 **采:** 陈宝心 **编:** 陆沉 **图:** 意匠, 吴霜
text: Adam **interview:** Chen Baoxin **edit:** Yuki **photo:** Ideasboom, Wu Shuang

所谓"巴蜀",即如今的重庆、四川一带。自古以来,生活在此地的人们似乎就对饮食与烹饪有一种天然的禀赋,这点大致可从三个方面一窥端倪。

首先是地利。巴蜀盆地沃野千里，江河纵横，给当地人民提供了极其丰富的食材，论及肉类是六畜兴旺，论及生蔬则是四季常青。此外，当地人还特别重视种植业与调味品酿制业，如自贡井盐、中坝酱油、清溪花椒等。当食材与调料都如此丰富时，"巧妇"亦不会为"无米之炊"而犯难了。

其次是民俗。早在东晋时期，史学家常璩便在《华阳国志·蜀志》中提出巴蜀人民有"尚滋味""好辛香"的饮食习俗。特别有趣的是，古代巴蜀地区宴饮的形式也是别具一格：晋代豪侠在空旷的平原或森林中举行"猎宴"，五代时后蜀宫廷在江河中举办"船宴"。普通老百姓对美食的追求亦毫不逊色。清代开始流行于乡野农村的"田席"、码头边的火锅，至今仍然存在。

最后是考究。巴蜀饮食文化的发达，与当地文人志士对饮食的考究是分不开的。诸葛亮在蜀中首创带馅的馒头，杜甫、陆游写下了大量描述川菜、川酒的诗篇，卓文君与司马相如在临邛开酒店，"文君当垆，相如涤器"。最有名的当数老餮苏东坡，其烹饪经验与技艺水平连专业厨师也不得不佩服。这批文人的出现，从各方面拔高了巴蜀之地的饮食水准，将许多原本零碎、杂乱的烹饪实践，慢慢汇聚成一套完整、清晰的烹饪系统，并沿用至今。

古谚"民以食为天"虽一再被提及，已觉不大新鲜，但当你真正走入巴蜀之地，举目皆是美食的荟萃与结晶，或许才能更好地理解此话的深意。正如那首打油诗所说："街头小巷子，开个幺店子；一张方桌子，中间挖洞子；洞里生炉子，炉上摆锅子；锅里熬汤子，食客动筷子；或烫肉片子，或烫菜叶子；吃上一肚子，香你一辈子。"

* 该部分由重庆火尧火锅主理人杨顺康、重庆二火锅主理人曾佩涵协助完成。

The Red in Chongqing Hotpot

现炸酥肉。

来自码头的重庆火锅

据重庆当地的火锅店厨师介绍，重庆是长江和嘉陵江两江环绕之地，除了最大的朝天门码头，还有几十个大大小小的码头。重庆离四川很近，当时有很多其他少数民族的人到重庆讨生活，因为码头文化浓厚，人们经常会在码头杀牲口，但是他们只取用其肉、骨和皮，不要内脏和肥肉。而码头的纤夫们，社会地位比较低，很少有肉吃，于是就把那些被丢弃的下水（毛肚、黄喉、鸭肠等）拿回食用，那时候的油也贵，纤夫们买不起猪油，就把被丢弃的牛油加入锅中，加上辣椒、花椒、姜和葱等一起放在大铁锅中炒制，然后加水煮沸，用来涮食下水，达到驱寒祛湿的功效。重庆山路很多，衍生出了挑夫这个职业。火锅当时作为底层人民的吃食，就从纤夫传到了挑夫，慢慢家喻户晓，广为流传。

红汤底料的特色
The Spicy Broth

Q：传统的重庆的火锅底料有哪几大类型，有什么特色？

A： 以前的火锅都是底层劳动人民吃的，所以传统的重庆火锅底料里不放香料，只有辣椒、花椒和姜、葱。现在的辣味火锅风味可以分为酱香型（牛油味偏重，会加豆瓣，偏传统风味）、煳香型（接近重庆老火锅的味道，辣椒味道浓重）、咸鲜型（鲜味浓郁）、荔枝味（甜味重，成都人偏好的味型）。

对我们重庆本地人来说，最传统的就是牛油火锅，它的口味厚重强烈。牛油火锅有两派，一种是纯的牛油火锅，咸鲜味为主，牛油重，底料味稍轻，是20世纪五六十年代人喜欢的口味。现在的80后、90后更热衷荔枝味，有点回甜，层次感更丰富，牛油也不像老派口味那么厚重。

正宗的重庆火锅，第一口吃进去要辣，第二口要香，第三口要鲜，第四口要回甜，这是一个有层次的味道变化过程，这也是其迷人之处。

Q：你们觉得重庆火锅底料和成都火锅底料有什么区别？

A： 成都人喜欢清油火锅。他们用菜籽油炒制底料，香料味偏重。成都火锅偏荔枝味，第一口就是辣和甜，然后才是鲜味。成都的口味相对于重庆的更为清淡，也会越煮越淡。所以成都人喜欢用麻油、蒜、香菜和蚝油做蘸料，来保证鲜味。重庆人的传统是用牛油炒制底料和打锅，不用香料，花椒所占比例更多，口味会更麻、更辣，牛油香味越煮越浓。一般来说，重庆人只用麻油和蒜做蘸料。

炒制火锅底料所需辣椒。

重庆的火尧火锅底料偏荔枝味，是将老派与新派结合的纯牛油火锅。

重庆火锅的蘸料
Dipping Sauce for Chongqing Hotpot

Q：正宗的重庆火锅，食用中需要哪些蘸料？和其他火锅比有什么特色？

A： 正宗的重庆火锅就蘸简单的麻油加蒜（俗称油碟），不会加蚝油和其他调味了。如果口味重，还会用辣椒、花椒粉和鸡精、味精的干碟。很多人在吃重庆火锅时，喜欢加很多调味料做蘸料，但是这样就吃不出麻辣火锅的原汁原味了。

Q：不同的食材需要配不同的蘸料吗？

A： 可以按照个人口味选择，不过所有食材都可以蘸干碟或油碟。干碟与郡花等内脏是绝配，但一般还是以麻油和蒜（也就是油碟）为主：首先，将经过煮沸的火锅美食在麻油中滚一圈，能够有效地降温，从而保护我们的食道和肠胃；其次，麻油有清热降燥的功效；再次，由于重庆火锅的必点食材都是内脏类的，而大蒜有杀菌的功效，从口感上来说，大蒜和麻油可以沥辛辣味，降低对味蕾的刺激，重庆火锅的刺激感和这个麻油大蒜是完全匹配的，不会让人感觉太油腻。

重庆火锅中的油碟与干碟。

重庆火锅中的油碟所用为小磨香油。

除"九宫格"外，"四宫格"也是传统重庆火锅的一种形态。

川渝特色锅具
The Special Pot

Q：传统的重庆火锅用什么样的锅？

A：传统的重庆火锅主要是用圆形黑色大铁锅。老人们对铁锅特别讲究，一定要用熟铁锅才行。将买回来的生铁锅抹上猪油后放在火上烧，再把老鹰茶倒入锅中煮沸，经多道工序后制成的黝黑的铁锅就是熟铁锅了。就算经常在高温环境下也可使用十年，不会损坏。

因为火锅里面会加入大量牛油、辣椒、花椒，而且火锅的食用过程需时较长，要用熟铁锅才不会起浮泡，让汤底越煮越浓郁美味。现在的铜锅、生铁锅都是达不到这种效果的。

Q：九宫格火锅的特色是什么，为什么一定是九个格子？每个格子都有不同的用处吗？

A：在贫苦年代，吃火锅的成本是很高的，所以会出现几家人拼桌，共吃一口锅的情况，于是出现了四宫格，这样能让每家人有自己的格子来烫煮食物。九宫格的出现是因为不同食材的烹煮时长不同，为了保证不浪费，于是就将荤菜放在九宫格中间的几个格子，素菜放两边，用不同的火候煮食材。重庆火锅并不等于

九宫格。四宫格和九宫格都是重庆火锅的传承，并无谁是最正宗的说法。

从食用技巧上来说，以九宫格为例，中间这一格的火永远是最大的，前后左右四格，火偏中等，边角的四个格，火最小。这跟吃火锅的节奏有关。

"九宫格"的隔板。可见
"九宫格"并非像鸳鸯锅
那样将锅彻底分隔。

重庆土碗

Interview with Frankie Chan: Valiant Spirit Makes Me Keep Going On!

98

食材的讲究
The Tasteful Food

Q：重庆火锅在食材的选择和处理上，有什么讲究？

A： 重庆人更喜欢吃鲜货，所以重庆的食材市场每天都会有新鲜的毛肚、鸭肠出售。外地朋友喜欢吃脆的毛肚，其实那是用碱性物质浸泡过的，重庆本地人不爱吃这类浸泡过的食材。我们喜欢新鲜毛肚，处理时先将毛肚一片片撕下来，将牛胃里的杂物清洗干净，然后用冰水浸泡，利用热胀冷缩的原理使毛肚的毛孔更紧致，提升口感。冰水浸泡的毛肚在火锅中涮完后表层会起泡。新鲜毛肚呈石青色，在食用时会有草香味，食用碱泡过的毛肚就不会有这种味道。另外，鹅肠也需要在冰水里泡一天为佳。

Q：正宗的重庆火锅有什么必点的？

A： 重庆火锅三宝是毛肚、鸭肠、黄喉；特色荤菜有麻辣牛肉（用辣椒面裹着的牛肉）、血旺；素菜中，土豆和莴笋很受欢迎，这两样可以放在九宫格中慢慢焖熟，直至入味；此外，干贡菜也是重庆特色，老重庆人还会点麻花。在生活艰难的年代，人们没什么东西吃，会去买麻花来涮煮，这是老一辈人的记忆，现在很少有重庆火锅店提供麻花了。

Q：重庆火锅有什么特色饮品、小吃是吃火锅时必备的搭配？

A： 酥肉是重庆人吃火锅必备的。火锅从打锅到煮沸的过程大致需要半个小时，人们可以先用酥肉解馋，还能在火锅沸腾时马上煮食。饮品的话老鹰茶是比较传统的搭配。甜品有冰粉、凉虾、凉糕和红糖冰汤圆。制作冰汤圆很有讲究，汤底要用土红糖进行熬煮，汤圆则要现搓现煮。

后厨将食材提前装盘。

重庆老火锅九宫格的正确打开方式

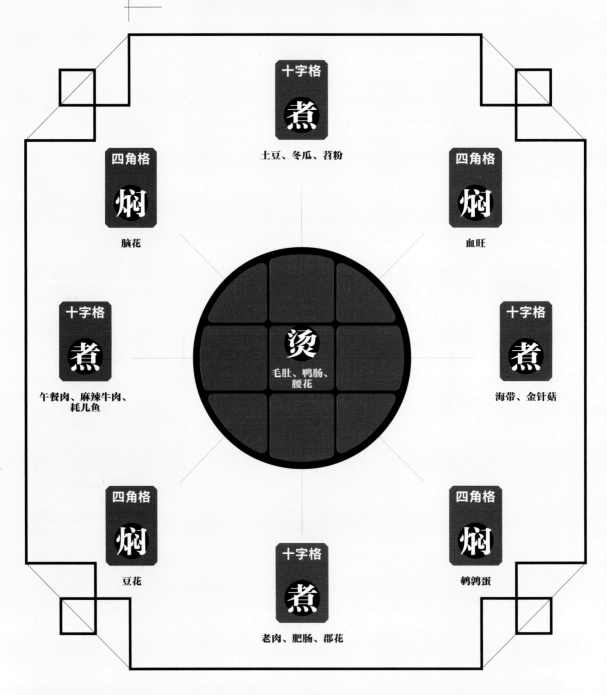

十字格

煮

土豆、冬瓜、苕粉

四角格

焖

脑花

四角格

焖

血旺

十字格

煮

午餐肉、麻辣牛肉、耗儿鱼

烫

毛肚、鸭肠、腰花

十字格

煮

海带、金针菇

四角格

焖

豆花

十字格

煮

老肉、肥肠、郡花

四角格

焖

鹌鹑蛋

中间格的火力旺、温度高，适合涮烫，30秒即可。

十字格处中火慢开，火力均匀，适合煮食材，2到10分钟即可食用。

四角格处适合文火细磨，"焖"在重庆方言中发音为"酣"，焖煮食材20分钟以上，方才软糯入味。

毛肚、黄喉、鸭肠是重庆火锅三宝。

"九宫格"的正确吃法

待开锅一到两分钟、泡沫完全散去后，可将食材分别放入"十字格"和"四角格"，再次煮开后，把火调小至只有中间一格沸腾的状态，这时再开始涮食毛肚、鸭肠。不可将所有菜品一次性放入锅内煮，也不可全程大火以免将水熬干、煮煳。新端上来的汤底，待烧开后用小火慢熬，其间不另加汤，这样熬出来的汤底味道最好。

特色冰汤圆、热汤圆
凉糕、凉虾、冰粉

沙冰汤圆
醪糟汤圆
6元/份 打包7元/份
电话：13399893819

传统重庆火锅店内会提供汤圆、凉糕、凉虾、冰粉等特色小吃。

手搓汤圆是用糯米粉制成，与平日元宵时所吃的汤圆不同，这种汤圆小吃是没有馅的。

在碗里盛半碗热汤圆，再淋上桂花红糖浆。

103

10

成都火锅：集川味大成者

Chengdu Style Hotpot: Collector of Sichuan Flavors

文：欧林 采：陈宝心 编：陆沈 图：卢旭丹
text: Green interview: Chen Baoxin edit: Yuki photo: Lu Xudan

说火锅，绕不开四川；说四川，必说成都。成都因织造蜀锦而得名"锦官城"，又因城中尽种芙蓉花而有"蓉城"之称。这些称谓流露出的是这座城市的风雅气质，而以火锅为代表的川香美食，则为它增添了几缕人间烟火气。

川民以食为天

汪曾祺曾说："在我到过的城市里，成都是最安静最干净的。在宽平的街上走走，使人觉得很轻松，很自由。成都人的举止言谈都透着悠闲。这种悠闲似乎脱离了时代。"这种安逸之风，在特殊时期难免显得突兀。抗日战争刚刚开始的时候，身处成都的何其芳愤然写了一首诗《成都，让我把你摇醒》："这里有着享乐、懒惰的风气，和罗马衰亡时代一样讲究着美食。"把成都比作骄奢的罗马帝国，似乎有些苛刻，但成都人喜好享乐，崇尚美食，是确有的事。

生于四川成都的小说家李劼人说："中国人对于吃，几乎看得同性命一样重。这不但洋人不能理解，就是我们自己，亦何尝了解得许多！"中国人不仅爱吃，还把无尽的处世待人的哲学融入饮食中。中国古代的哲学家们喜欢以烹饪比拟统治。《吕氏春秋·本味篇》记伊尹以至味说汤，把统治哲学比喻成食谱。另一个更生动、流传更广的表述，就是老子《道德经》中的"治大国若烹小鲜"。而在中国，成都人对于"吃"的喜爱恐怕又是各地中人的翘楚。

成都夜晚的街头 ◎意匠摄

自古以来，有关四川自然风物、饮食文化的记载很丰富。西晋人左思在《三都赋·蜀都赋》中有"金罍中坐，肴烟四陈。觞以清醥，鲜以紫鳞"的描述，说明川菜在汉晋时期已有相当高的水平。东晋常璩撰有《华阳国志·蜀志》，其中记载："山林泽鱼，园囿瓜果，四节代熟，靡不有焉。"《巴志》中记载："土植五谷，牲具六畜……其果实之珍者：树有荔荵，蔓有辛蒟，园有芳蒻、香茗、橙、葵。其药物之异者有巴戟、天椒；竹木之瑰者有桃支、灵寿。"唐宋时期的《太平广记》《东京梦华录》及元、明、清时期的《岁华纪丽谱》《蜀中广记》《醒园录》等典籍，里面都有关于四川食谱、食风、食俗的记录。

川渝餐饮业随盐、糖、茶叶等中转贸易的繁荣而发展，以口味多样为主要特色。人们常把川菜的特点归纳为"麻、辣、烫"，认为川菜以麻辣见长，这当然不错。但川菜之味并非以麻辣压

其他味，而是很重视味的变化。川菜调味多样，取材广泛，自成体系，素来享有"一菜一格，百菜百味"的声誉。

据清代末年《清稗类钞》记载："滇、黔、湘、蜀人嗜辛辣品。"在那时，食椒已经成为川人饮食的重要特色，这一食俗有源远流长的历史因素。据史学家考证，早在秦统一六国、攻取蜀国时，花椒一类的辛香调味品已经是巴蜀地区的风味特产。《华阳国志·蜀志》曰："其辰值未，故尚滋味，德在少昊，故好辛香。"这是以八卦方位、阴阳五行之说来解释蜀人口味的成因，不免为今人一哂。

从气候环境上来解释这种好食辛辣的口味，也许更能被大众接受。四川地处盆地，气候温热潮湿，当地人进食辛辣芳香的食物，得以刺激味觉，摄入对身体有益的养分，满足人体代谢的需要，抵御疾病的侵袭。川渝辣椒、花椒及相关制品繁多。辣椒制品就有泡辣椒面、红

油辣子、辣椒酱等；花椒制品有花椒油、花椒面等，各具风味。

川菜文化中，成都火锅是一大特色。火锅既是一种美味佳肴，又是一种烹饪方式，表现了中国饮食烹饪之道的包容性与和谐性。成都火锅集麻、辣、烫、鲜、脆、嫩于一身，上至高官显贵，下至贩夫走卒，无不喜食。虽然不比其他碟菜精致讲究，但热气腾腾的一口锅，能够将原料的新鲜和汤料的入味发挥得淋漓尽致。吃火锅时的那股酣畅爽利的气质，仿佛也融入了川人的骨血中。

四 川 火 锅 溯 源

成都平原，四川话叫作"川西坝子"。这里有自古闻名的都江堰灌溉工程，水渠纵横，农业发达，物产富饶，素来有"天府之国"的美誉。因水系发达，这里的人常年与江河打交道，造就了当地人对水的依赖。四川火锅的出现，就与这样的地理环境紧密相关。

当时的货物运输主要依靠船运，带动了沿江流域的饮食文化相互融合、推陈出新。据《泸州航道志》记载，宜宾至重庆段长江沿岸有一个叫小米滩的地方，位于泸州下游，是泸州与重庆间的枯水险滩，被称为"咽喉险滩"。一日之晨，无论从泸州出发到重庆，还是从重庆出发到泸州，到达小米滩时都快要天黑了。因此，船工经常在小米滩停船夜宿。

想象一下这样的画面：船工们乘坐小船，日复一日地穿梭在时宽时窄的河道里。月夜停泊时，为了充饥，也为了驱寒，他们在滩坝上以野炊形式生火煮饭。道具条件简陋，炊具仅一瓦罐，罐中盛水汤，投入各种蔬菜，再加上辣椒、花椒祛湿。

这便是四川火锅的雏形。船工们发明的这种吃食，方便又美味，就这样一传十、十传百，在长江边各码头传开了，风靡至今。

小米滩是四川火锅起源地的说法，最早可见于1994年出版的李乐清编著的《四川火锅》。书中《四川火锅的起源》一文指出，四川的火锅出现较晚，大约是在清代道光年间，四川的筵席上才开始有了火锅。

还有一种较为新近出现的说法，提出川渝火锅起源于自贡盐场。自贡因盐成邑设市，而抽取深层地下盐卤的动力，除了人力就是大量的役用牛。汲卤、输卤、短途运输煤、载盐都需要用牛，于是牛肉、牛杂供应充足，川菜中的水煮牛肉和煮牛内脏的麻辣火锅应运而生。当时条件艰苦，盐工们在工作之余用餐环境简陋，为了补充营养满足体力劳动需求，选择以简单的火锅烹调食用牛肉。另外还有一种说法，称川渝火锅起源在重庆的码头。

总之，初始形态的火锅属于社会底层的劳动人民。无论是在行船途中架锅野炊，还是在盐场就地取材，这种饮食方式一开始并不具备太多文化内涵，也未被记录在方志典籍中，这也导致现在人们对川渝火锅起源众说纷纭，难有定论。但可以肯定的是，"菜当三分粮，辣椒当衣裳"是成都火锅起源时的状态。这食俗沿袭下来，传川渝等地，并渐丰富，成为当地特有的美食。

尔来四万八千岁，历历物事被镌刻在城市的街巷角落、楼房砖瓦，也被记录在一口小小的火锅里。

在成都，冰粉、串串、钵钵鸡等小吃都是热门的夜宵选择。◎意匠摄

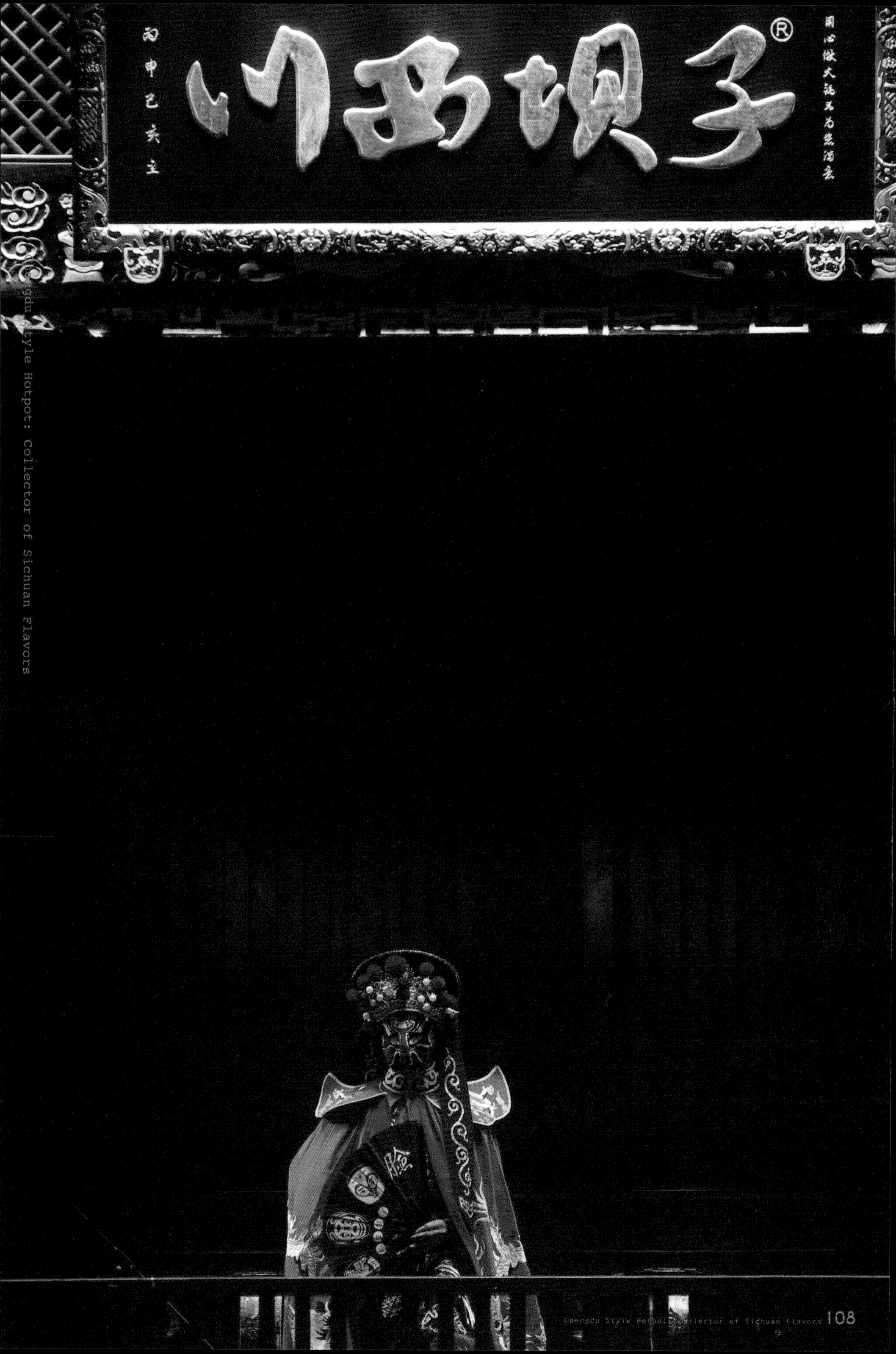

Chengdu Style Hotpot: Collector of Sichuan Flavors

你不知道的成都火锅

　　以前的火锅没有现在这么讲究——三五好友围在一起，光着膀子，一边划拳一边吃，它是一个市井的、生活化的场景。现在吃火锅则变成了一种应酬方式。人们对火锅店面、地理环境、服务、品质的要求提高了，大家对火锅菜品也上升到了一种料理级的要求。现在火锅在餐饮中属于比较大的品类，它也随着餐饮市场的升级而不断升级。

　　海底捞、小龙坎、大龙燚、蜀大侠这几个是比较有代表性的川味火锅品牌。相比之下，一直在四川本地经营的川西坝子火锅则比较保守。为了了解地道的川味火锅，我们与当地的火锅从业者聊了聊。

＊该部分文字由成都川西坝子火锅运营总监赵拓、行政总厨郑守强，以及水八块鲜毛肚火锅创始人汪小东协助完成。

Chengdu Style Hotpot: Collector of Sichuan Flavors

和重庆火锅相比，成都的火锅底料香料会多一些，包括小茴香、砂仁、白蔻、香果、八角、草果、香叶、桂皮、丁香等等。底料的配方每家火锅店各有特色，油水比例、香料比例也会有所不同。

变脸是川剧中的特技，在四川，许多火锅店都有这样的特殊表演。在川剧中，演员以变脸这样的表演手法来展现角色的情绪变化，以塑造人物。

成都火锅的底料
The Chengdu Style Broth in Hotpot

Q：传统的麻辣火锅底料有哪几大类型，分别有什么特色？

A：传统的麻辣火锅底料一般可以分清油和牛油两种。从油水比例来看，重庆火锅锅底中油的比例比较高，很多都是百分百纯油。成都的锅底多为一次性油，出于成本上的考虑，油的比重相对较低。现在牛油的价格大多都是20块左右一斤，一个锅端上去，水加油一般有4到5斤重，如果全部放油，成本会很高。这是成都和重庆火锅的一些区别。

成都火锅中，清油火锅的油水比例是4：6，牛油火锅的油水比例是6：4，甚至是7：3。清油火锅口味比较清爽，香味没有牛油火锅持久醇厚，因为牛油火锅更"霸味"；在原材料方面，清油火锅用菜籽油，牛油火锅用动物脂肪油。

最早最地道的重庆火锅是不添加香料的，讲求的是

牛油的香味和辣椒、花椒的煳辣香，它们融合出来的味型香气十足。但成都火锅就加入了一些香料以增加其风味。现在，清油火锅是一定会加入香料的，但老重庆的牛油火锅就不一定会加了。

Q：成都火锅底料是怎么制作的？有什么需要特别注意的地方？

A：第一个步骤是炒制底料，第二个步骤是制作红油。清油火锅的红油用菜籽油，加入辣椒取其辣味和颜色，花椒取其麻味，还会加入姜葱融合出香味，一起熬制两至三个小时。牛油火锅一般会用干的花椒，清油火锅则用青花椒或者新鲜花椒，取其清新的香味。90%的清油火锅和牛油火锅都会放豆瓣一起炒料。

以前传统的麻辣火锅会放河南新一代辣椒，其辣味适中，肉质较厚，用它制作的红油颜色较红。现在麻辣

川西老炮锅底，是用三斤纯牛油、二荆条辣椒、五叶椒、七星椒、大红袍、小米椒一同小锅熬制而成。

火锅用得更多的是重庆的石柱红辣椒，它的辣味适中，但是颜色比前者要艳，价格也更贵。

　　火锅除了辣味和颜色，还需要香味，因此会放贵州产的子弹头辣椒提香。有的人觉得火锅辣味不够，还会放贵州的满天星辣椒。有些商家为了降低成本会加入印度魔鬼椒，但它非常燥辣刺激，很多人吃了会不舒服。

　　每一锅麻辣火锅至少会用到三种不同的辣椒。这些辣椒都需要晒干去籽之后再用来制作底料，很多人以为籽很辣，其实不是的，我们主要是取其辣度和颜色。在制作的时候我们先将晒干的辣椒用水煮一次，去掉其苦涩味，滤干打碎后再用来炒底料。炒制底料和制作红油的辣椒种类、比例会有所不同，自家研制的口味也都会做调整，而且使用辣椒的数量和顺序会有些不同。传统的做法会放姜、葱、蒜，提炼其香味后放花椒和辣椒。制作牛油火锅通常会选用晒干的大红袍花椒，制作清油

火锅会选用青花椒，目前用得最多的是四川茂县的花椒了。

Q：给读者们介绍一下重庆火锅和成都火锅的区别吧！

A： 最大的区别还是底料的油水比例。另外在味道上，成都火锅的接受度更高，因为重庆火锅更辣，味道更厚重，不是所有地区的朋友都能适应的。此外在调料上，成都火锅蘸料种类较多，而重庆老火锅主打芝麻香油和大蒜，确保食客能够吃到火锅的原味，行内的厨师也都清楚火锅的魂是在重庆。在菜品的装盘上，成都火锅更为精致，而重庆更注重食材的新鲜原味。

成都火锅的蘸料
The Dipping Sauce
for Chengdu Style Hotpot

Q：正宗的成都火锅，食用中需要哪些蘸料？

A：这个可以分两类来说。一个是油碟：传统蘸料的话主要用芝麻调和香油（纯芝麻油占其30%的比例），一定要加大蒜增添香味，这是老重庆人喜欢的吃法。到了成都，人们会在蘸料里加入香菜、葱花和蚝油。

另外是干碟：干碟很早就有了，口味重的人比较喜欢。干碟一般是复合型的，每家店不一样，干辣椒粉是一定会有的，此外可能还会有花椒粉、花生末、黄豆粉、孜然等。内脏类的菜品，如腰片、腰花、鸡胗就适合蘸干碟，可以去腥味。如果内脏类蘸油碟，味道就没那么霸道。

用什么锅具呢？
Choose A Good Pot

Q：传统的成都火锅锅具是什么样的？

A：成都火锅的锅有圆有方。传统锅具是用生铁制造的，现在也有很多仍是用生铁铸铁，生铁铸铁相对轻便，成本较低，但是脱漆进水后容易坏，无法保养。还有一部分用不锈钢。质量好一点的不锈钢较重，成本也高，但基本不会坏。

Q：传统成都火锅会有九宫格吗？

A：不管四宫格、九宫格或者没有宫格的锅都是传统正宗的。最初的九宫格火锅是为方便拼桌：各人吃各人那格，各人付各人那钱。但是现在基本不可能有陌生人一起拼桌吃火锅了。而且加个格子不方便上锅，洗锅效率也低，便不是那么必要。

铁质鸳鸯锅。

鸳鸯火锅的出现，便是川味火锅适应市场变化而进行的创新。

"川西坝子"的负责人告诉我们，一顿地道的
麻辣火锅，一定要有毛肚、黄喉、鸭肠。

去吃火锅吧！
Time for Chengdu Style Hotpot

甜豆花用内酯豆腐制成，可加
红糖浆、葡萄干等一同食用。

Q：成都火锅在食材的选择和处理上，有什么讲究？

A：黄喉、毛肚、千层肚、鸭肠、鹅肠是必选的。脑花这些看个人口味，川渝地区的人对脑花接受程度比较高。新鲜的毛肚涮完后表层会有水泡。鸭肠和鹅肠如果呈现透明感，或者会掉色、有血水的话就是经过后期处理的，新鲜的肠子应是白里透一点粉。新鲜的猪黄喉比较薄，吃起来不会特别脆，而是口感偏韧。

Q：吃成都火锅有顺序上的讲究吗？

A：吃火锅其实是很讲究顾客体验的美食方式，厨师只完成火锅的三分之二步骤，剩下的三分之一需要顾客自己完成。火锅所有的菜都是半成品，需要顾客自己涮烫。我们可以把食材分成三个阵容。

第一阵容：块状肉，这种需久煮，不用大火滚烫，可以先放，如丸子、老肉片、郡花、脑花、血旺。

第二阵容：片状肉，如毛肚、黄喉、鸭肠、鹅肠、牛肝，这些菜无需直接煮，一般涮"七上八

下"，伸进锅里烫一两秒，提出来举一两秒后再烫，这样来回七八次就能吃了。之所以有"七上八下"这种说法，是因为火锅锅底有按比例组合的油水，而油的比热容比水小，以相同的热能分别把水和油加热的话，油的温升将比水的温升大，油可以升温到两三百摄氏度，水只有一百摄氏度，而空气是常温的，因此以上下涮的方式让食材在三个温度中上下浮动，以达到最佳的口感。而且由于油难以与盐融合，上下涮可以确保食材有水的盐味和油的香味。

第三阵容：素菜。素菜比较吸油、抢味，土豆等淀粉类则浑汤，所以一般比较后才放。

Q：成都有什么特色饮品、小吃是吃火锅时必备的搭配？

A：自制酸梅汤和玻璃瓶装豆奶是成都比较传统的饮品。小吃有自制酥肉、甜豆花、红糖糍粑。红糖糍粑属于传统的街头小吃，跟棉花糖、爆米花相似，是大家的童年记忆。

千层肚与毛肚都是牛胃的一部分。千层肚是
瓣胃，毛肚则是瘤胃。

麻辣牛肉是四川名菜，在麻辣火锅中涮食麻辣牛
肉，口味更是又烫又爽，令人大呼过瘾。

酥肉是川渝地区的名菜，也是中国
的传统菜式，不仅可以在火锅中涮
煮，也可以趁热当作小吃食用。

为了提高效率，实现"标准化"，"川西坝子"对上菜摆盘设定了一系列规范，每一种食材都有相应的克重标准，装盘前需要在电子秤上过秤以计重。厨房内也设置了专门的菜品摆盘示意图，划分有摆放区域并设置了摆放规范。

员工正在清理耗儿鱼，并按规定克重摆盘。

11

潮汕牛肉火锅： 精细的流行

Chaoshan Beef Hotpot:
The Popular Fine Food

文: 岑汐 **采:** 闫潇怡 **编:** 陆沉 **图:** 黄梦真
text: Rene **interview:** Yan Xiaoyi **edit:** Yuki **photo:** Huang Mengzhen

潮汕牛肉火锅，可谓火锅中的一品例外。潮汕先民在沿海湿热的气候中，悟出重油重盐不利于健康的道理，所以在烹制火锅时，也仅以牛骨和白萝卜炊煮汤底，不见一星辣麻花椒。涮烫时相较其他火锅也更讲究，总是遵循"吃丸子—涮肉—喝汤—涮肉—涮蔬菜—下粿条"这样的次序。

充满潮汕风情的店内装潢。

"牛肉"
—— 国人吃牛的历史

《国语·楚语下》载观射父语："天子食太牢，牛羊豕三牲俱全，诸侯食牛，卿食羊，大夫食豕，士食鱼炙，庶人食菜。"也就是说，诸侯以下的身份，均无法食用牛肉，可见牛肉地位之高贵。《楚辞》的"大招"和"招魂"篇里均记载了一次丰盛的筵席：八宝饭、煨牛腱子肉、吴越羹汤、清炖甲鱼、炮羔羊、醋烹鹅、烤鸡、羊汤、炸麻花、烧鹌鹑、炖狗肉。牛肉排在前列，

其贵重程度可见一斑。

西周时《礼记·王制》记载："诸侯无故不杀牛，大夫无故不杀羊，士无故不杀犬豕，庶人无故不食珍。"两千年前，汉律对杀牛者的惩罚更加严厉，杀牛者诛，替牛偿命，哪怕是牛的主人。

到了隋唐时期，规定屠牛者判一年。在宋代，不是正当防卫的情况下，杀死他人的牛，要处以"决脊杖二十，随处配役一年放"[1]。明清时期则规定：屠牛者杖打一百，判一年半，流放一千里。清代对吃牛肉者惩罚非常严格，皇宫菜肴也

1. 陈振. 宋史 [M]. 上海：上海人民出版社，2016。

老式牛肉秤。

明确规定不能有牛肉。

　　中华文明建立在农业之上，牛耕文化是古代农业及文明进步的重要因素。有一则颇为有趣的民间故事，说西汉宣帝时期，丞相丙吉关心民间疾苦，一次外出考察民情，看见一群人斗殴，他没有去制止，但看到一头牛在吃力地拉车，却停下叫人询问。有人不服气，指责他重视牲口超过百姓，他解释道："牛影响农事，而农事直接影响到了国计民生。"

　　古人如果吃了牛肉，会受到惩罚，那么耕牛老了怎么办？古人在何种情形下才能吃上一口珍贵的牛肉呢？

　　唐宋时期，除非是自然死亡或者病死，所有牛不管老弱病残，一律都在禁杀之列。根据资料记载，如果耕牛老了，已经干不了活了，需要向官方申报，之后才可以屠杀。不过，牛主人只能留下牛肉，其他的如骨头、牛皮等是重要的生产物资，还要上交给官府，进行备案。

　　对耕牛的保护和牛肉入馔的严格控制，直到清末才随着政治经济环境放松。民国建立之后，新思想涌入，人们才开始较为自由地吃牛肉。

　　据说潮汕牛肉火锅中最重要的食材"潮汕牛肉丸"是由客家人所创。客家人和潮州人族群

相邻，客家人居住在山上，多倚靠黄牛和水牛进行田间生产运输。最早的肉丸被称作"肉饼"，皆因客家人劳作辛苦，口味重，刀工也粗，老的被淘汰的耕牛，肉质干瘪，大致剁来便蒸。

　　时至今日，饲料的种植生产技术提高，加上优选优育，肉牛出栏率得到很大提升，所以潮汕牛肉火锅的市场才能形成一定的规模。

"精细"——
潮汕人何以"脍不厌细"

　　潮汕地区位于广东省东部，土地面积占广东省的5.8%，而人口却占全省总人口的14.15%，人口稠密，来源复杂。据记载，潮汕地区的先祖是夏周时期的闽族，秦汉以来因为政治活动，大量中原人南迁。在唐宋以前，潮汕都还是地广人稀、经济发展缓慢的地区；自唐后期起，受两次南下移民浪潮的影响，这种局面得到缓解。南宋时期，由于战乱，众多皇亲贵胄、王侯将相一路南逃至此，时人称："初入五岭，首称一潮，土俗熙熙，有广南福建之语。"[2]进入清朝中叶以后，又出现了人多地少的矛盾。而潮汕民谚有"县县有客，单澄海一县无客"一说，是指潮汕各县除了澄海，都有少量客家人。潮汕地区文化特色被

2. 王象之.舆地纪胜 [M].北京：中华书局，2012。

不同时期、不同区域涌入的大量人口赋予了鲜明的特征，同时又在共同的地理条件和饮食习俗下有所兼并、调和及趋同。

虽然潮汕气候温暖湿润，利于万物生长，但也是自然灾害频发的地区，经常遭遇风暴袭击，对牲畜农作物的养殖考验较多。人多地少及不稳定的灾害，促使百姓通过精耕细作，去试图解决土地资源和人口之间的矛盾，故潮人逐渐养成了"精细"为主的精神内涵。无论是手工业、农业、商业，还是艺术和饮食，都有深刻的"精细"烙印。而潮汕受韩愈等大名士影响深远，尊重儒学，办学勤勉，故又继续形成了"精而不奸"的社会性格。

"鲜淡" —— 轻巧之间出真味

广东菜三大菜系之一的潮汕菜，有数千年的历史。潮汕人喜爱"鲜"，一是新鲜，二为鲜味，特别强调以料本身取味，故潮汕菜在国内外享有盛名。潮汕菜注重清淡、养生、原汁原味。全国许多菜系，崇尚浓厚滋味者居多，较少像潮汕美食这样以清淡为主。然而，"清淡"一直都是古今大美食家追求的最高境界。清代美食家袁

枚认为"味者宁淡毋咸"，而现任世界华人健康饮食协会荣誉主席、著名美食家蔡澜，祖籍即为潮州。

潮汕海岸线长，又遍布江河水道。韩江、榕江、练江等21条河流交错纵横，总长7397公里，水库、山塘3000余座。除了临海以外，潮汕地区淡水养殖面积广阔，有近20万亩。天然海水、淡水鱼获种类繁多，因地制宜、现捕现煮的美食，自然更追求鲜淡的简约原味。著名潮学教授黄挺在《潮汕文化索源》中提到"晚唐以前，潮州属荒僻之地"。地处湿热的南方，人们少有喝烈酒的习惯，因而人人都有敏锐的味蕾，最能体味淡中的层次变化。

几支不同文化的人口流入，也将多种类型的烹饪方法引入。对当地有极大贡献的韩愈，自然也将中原民俗带到了潮州。而宋末皇室南逃，再一次把中原饮食风尚和方法传到岭南。北宋以来，韩江三角洲的开发和利用，使本区的生存环境日益改善，来自闽南的移民增多。潮谚有云："潮州人，福建祖。"宋代名宦王大宝，明代学者薛侃、状元林大钦、兵部尚书翁万达，都是宋代由福建入潮的移民后裔。从福建迁移到潮汕的百姓，将闽地文化源源不断地输送入潮，虽境土

独具汕头当地特色的油纸灯笼。

潮汕牛肉火锅全席。

有闽、广之异，而风俗无漳、潮之分。

宋代以后，闽潮两地官员来往更加频繁，不少福建人到潮州做官，给潮州饮食带来闽南口味。潮人饮食受闽南影响较大，如重汤轻油、喜欢清淡等。清代淮扬菜通过商贸活动也有部分特色为潮菜所吸收。

传统潮菜以淡雅为特点，做法以水煮居多，有"锅子""火锅""打边炉"等吃法，不用细究是当地自古就有，还是从北方传入，受用广泛是最好的体现。

"流行" —— 流动的盛宴

关于潮汕牛肉火锅的广泛流传和备受喜爱，很多民间人士及商业人士已有讨论。重要原因有三：其一是冷链运输技术的进步，其二是人们对健康饮食的追捧，其三是商人经营有术。越来越多的潮汕风物向外流传，并不是近期才显露端倪的。事实上，潮汕人本身就具备很强的"带货"能力，这和他们身上的适应变通能力、进取开拓特质是密切相关的。

对当地影响深远的韩愈，由于上书《论佛骨表》，史称"韩愈谏佛"，导致宪宗震怒，被贬为潮州刺史。虽写出"一封朝奏九重天，夕贬潮阳路八千"的句子，但韩愈没有沉溺在背井离乡的悲戚感中，他反而迅速站稳脚跟，

在潮州的8个月，治理水灾，兴建学堂，不为远离庙堂而颓丧，而在蛮荒之地栽下重教育的种子。从此潮汕地区好学崇文之风尚开始形成，并且延续千年至今。

当代著名作家秦牧在《故里的红头船》中写道："清初，由于海外贸易的需要，它渐渐崛起，那时它河道宽阔，离海又近，在康熙、雍正、乾隆、嘉庆之世，变成了一个热闹的城镇，粤东以至福建许多地方，人们都到这儿集中乘红头船出洋。""红头船"被视为潮人对外进取开拓精神的象征，所以"潮学"研究中，甚至有观点认为"潮学的一半在海外"。

近代以来，汕头开埠，西方文化进入潮汕，潮汕人外出经商、过番谋生者众多。而现如今，土地资源和人口之间的关系依然紧张，很多潮汕人便外出务工和经商，有人称潮汕人是中国的"新犹太人"，每到一处地方，迅速适应环境，融入风土人情，就可以"此心安处是吾乡"。

大量走出去的潮汕人自然将本地区的饮食文化扩散到各地，而其健康清淡、鲜美精细的理念，遇到"营养过剩"的外地人是绝佳的补充，潮汕火锅店往往门庭若市。因此，身边常听到人们争谈"匙柄""三花趾"等潮汕火锅中的食材，也可知原因了。

充满潮汕风情的店内装潢。

潮汕牛肉火锅的功夫与讲究

　　"八合里"原本是汕头一条巷子的名字,现在更多人所知道的"八合里"则是一个全国连锁的潮汕牛肉火锅品牌,由林海平创立。最初的八合里潮汕牛肉火锅店只是一家23平方米的小店,如今最大的店已经做到2000多平方米了。"八合里"有自己的牧场和屠宰场,全程使用自己的供应链,调料沙茶酱也是自己旗下的品牌。现在这家潮汕牛肉火锅店在全国已有73家连锁店。在这本特集里,我们拜访了北京的八合里潮汕牛肉火锅清河店,请他们讲讲一家潮汕牛肉火锅店的一天。

该部分由汕头八合里海记牛肉店出品总监王雷协助完成。

Chaoshan Beef Hotpot: The Popular Fine Food

后厨中的锅具。

用 什 么 锅 好 呢 ?
Choose
a Nice Cookware

Q:牛肉火锅的锅具在选择上有什么讲究吗?

A:传统老式锅具多为铝锅,现在则选用不锈钢材料的平底圆锅。因在电磁炉上使用,锅底必须要有磁性,所以锅的复底外层使用导磁不锈钢。但这种锅有磁性,不锈钢耐蚀性较差,比较容易生锈。平时使用后要注意擦干,清洗后锅底向上晾干,也可以用食用植物油抹下锅底进行保养。如果生锈也只是在表面上,用钢丝球刷下即可,不影响健康以及使用寿命。

牛肉火锅必备的滤网双耳漏勺。　　捶打牛肉丸时所用铁锤,每个重4斤。　　不锈钢肉片刀。　　加汤所用的铜壶。　　不锈钢平底圆锅。

新鲜的牛肉切好装盘后，
即使将盘竖起，牛肉也不
会掉落。

好牛肉的讲究
Find Good Beef

Q：牛肉火锅怎么选择需要的牛的品种？

A：在北方地区，像是北京，最开始吃的是内蒙古那边的西门达尔牛，这种牛的肉就适合炖着吃、烧着吃，比如用来做酱牛肉或是炖牛腩，但不适合涮锅，因为它的肉质比较硬，脂肪分布不均匀。一般来说，潮汕牛肉火锅用的是从云贵川地区运过来的3到4岁的自然放养的土黄母牛或是阉牛，肉质比较嫩，又因这些地区的牧草长势随季节变化而有所不同——牧草茂盛的季节牛会长得肥一些，相反就会瘦下去。每年这样肥瘦交替着来，牛身上的脂肪就会渗透到肉里。

Q：如何保证牛肉的新鲜？

A：为了保证新鲜，一般我们会将活牛从云贵川地区运到北京的一个养殖场里，再在本地的屠宰场进行宰杀。无论在哪里开店，我们都会在本地设置一个专门的屠宰场，在屠宰场里把牛分解好，细分成各个不同的部位以满足火锅店的需求。然后一天分两次将新鲜的当日屠宰的牛肉运送到店里，一次是早上7点，一次是下午1点。通常来说，活牛经屠宰之后运到店里，直到客人能吃上，最好不要超过4个小时。因为屠宰后的牛的体细胞失去了血液的氧气供应，会产生乳酸，虽然对人无害，但会影响牛肉风味。

Q：一头牛身上有多少肉是可以用来做火锅的？

A：我们的宣传语就是一天一头牛，生意好的店甚至一天要两头。一般来说，

一般而言，一盘肉的克重为160g到180g。

一头牛能涮肉的部分只占到整头牛的30%，如果这头牛肥一些，出肉率会更低，剩下的肉有的我们会拿去做肉丸，有的会拿去炖煮。

Q：师傅切肉时有什么讲究？

A：我们师傅用的刀是香港陈枝记的刀。切肉的师

冰水浸泡后的牛肚口感更佳。

傅至少有5到7年的经验了，大多数牛肉都需要把筋剔得特别干净。潮汕人做事本来就精细，分解出来的牛肉要做到肉是肉，筋是筋，肉里不能有一点筋，筋里也不能有一点肉。一般来说，每块肉的组织外面都有一层筋膜，切肉的时候要把外面的筋膜剔掉，这特别费工时，也特别考验师傅的刀功。不同于一般火锅店里涮的冷冻肥牛片，牛肉火锅的每一片肉都需要有经验的师傅一刀一刀切下来，而牛肉火锅的精髓就在这一刀一刀的功夫里。

像是吊龙就需要大片切，三花趾、五花趾要切得薄一些，而且切的时候需要使用合页刀，一刀下去不能断，紧接着再一刀下去，再打开。一般，一盘肉的量是160g到180g，每片肉大小差不多，有经验的师傅以铺满一整盘的肉来判断量的多少。一盘好的牛肉，即使你把盘子立起来，肉也不会掉。

Q：牛肉丸的制作过程是怎样的？

A： 制作牛肉丸一般需要手工捶打牛后腿肉40分钟。牛筋丸对原材料的要求就没有那么挑剔，除了后腿肉外，还会额外使用切成小块的肩胛肉。牛筋丸在制作过程中会加入沙茶、芝麻、蒜蓉等调料，有的也会加入小虾、大地鱼干磨成的粉以提鲜。手打牛肉丸用的两个捶打的器具，每个都达到4斤，拿在手里沉甸甸的。有经验的、会捶打的师傅，打出来的声音是闷闷的，刚学习捶打的师傅打出来的声音则是梆梆的。

Q：对第一次吃潮汕牛肉锅的客人，如果只推荐一样（或三样）菜品，你会推荐哪一种？为什么？

A： 吊龙、肥牛、爽口嫩肉，这些肉把一头牛的所有口感几乎都包在内了。

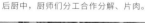
后厨中，厨师们分工合作分解、片肉。

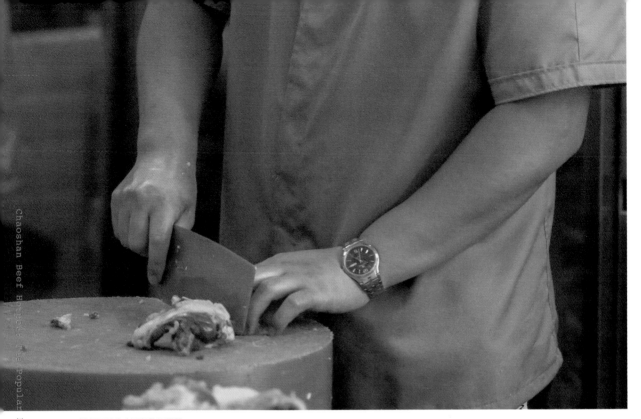

一把好刀是片肉厨师的好搭档。

八合里的腐皮每天都会现炸，以免受潮影响口感。腐皮可以分为头浆、中浆、尾浆三个阶段，第一遍煮开豆浆熬出来的就叫头浆，这也是蛋白最纯的部分，用头浆炸出来的腐皮呈浅黄色，颜色均匀；中浆则是第二次烧开豆浆所得，腐皮的颜色就更深一些，豆腐的味道要比头浆来得更重，腐皮上的气泡也会大一些；尾浆就是最后一次烧开豆浆提炼出来的，颜色最深，看起来最为萎缩。

制作牛肉丸一般选用的是整块的牛后腿肉，手工捶打40分钟，捶打的过程中会将露出的筋都摘出去。

牛肉火锅对厨师的刀功有很高要求，不同部位的厚薄会影响涮食的口感。

与牛肉火锅最为搭配的蘸料便是沙茶酱。这种调味品风味咸鲜中带甜，在福建、广东一带非常风行。

沙茶酱，在南洋名为"沙嗲"，因为潮汕话中，"茶"与"嗲"音似，所以写作"茶"字。

沙 茶 酱 的 滋 味
The Satay Sauce

Q: 牛肉火锅一般配什么蘸料？

A: 沙茶酱。最早的牛肉火锅的汤底是加了沙茶酱的，有提鲜的效果，后来才慢慢演变成清汤锅底，所以蘸料一般也选用沙茶酱，它跟牛肉是绝配。通常沙茶酱里还会加一些干蒜蓉当调配。我们店里的沙茶酱是根据北方客人的口味专门调配的，甜度相比原本的沙茶酱会低一些。沙茶酱最早来源于南洋地区，原料就是小虾小鱼，这也是为什么沙茶酱这么鲜。

炸蒜蓉是潮汕饮食中不可缺少的一味调料。

涮烫牛肉有讲究
Tips to Enjoy Beef Hotpot

Q：涮肉时需要注意什么？

A： 下锅的顺序是从瘦到肥，从嫩滑到筋道，一般来说第一口不能吃太肥腻的部位，不然会越吃越没味。一盘肉可以分成两次烫，肉下锅的时候需要先用筷子打散。烫肉的时候讲究三吊水——一吊血水，二吊纤维，三吊酸性。吊完三次水就可以吃了。

原切肉的纤维较长，
纹理分明。

潮汕牛肉火锅涮食顺序

1 往漏勺中放入盘中一半牛肉；
2 用筷子将牛肉打散；
3 吊水三次；
4 将漏勺架在锅边缘，大家分食。

粿条是潮汕人最喜爱的主食之一，用米粉及米浆制成，形似河粉，但口感更具弹性。

庖丁解牛 〈牛肉各部位全解〉

肥胼

嫩肉

吊龙伴

吊龙下面那一小部分的肉。建议涮6到8秒。

吊龙

牛脊背上的一长条肉，这里的肉微厚，虽有脂肪但绝不肥腻，十分顺滑甜美。建议涮6到8秒。

胸口油

也称胸口膀，是牛胸口的软组织，非常珍贵的部位，其嚼劲十足，十分脆爽，虽然外表是肥油，但口感丝毫不腻。这部分的肉会越煮越脆，所以可以稍微煮久一点，建议涮2分钟最后的一品肉食用。

是仁

牛的肉眼，比是柄更甜嫩，是肉眼的最好部位。建议涮8秒的

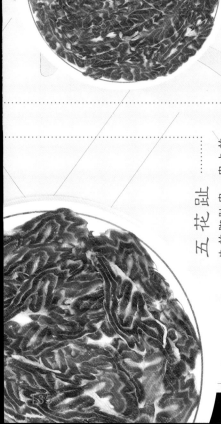

三花趾

牛的脚趾肉，是一头牛身上较为稀少的部位，肉上的纹路是三条筋。口感弹牙、有韧劲。建议涮8到10秒。

五花趾

牛的脚趾肉，肉上的纹路是五条筋。每头黄牛仅有半斤五花趾。建议涮8到10秒。

匙柄

一头牛只有两条"是柄"，将其切片后中间会有一条明显的肉筋纹路，像钥是柄一样，入口十分脆爽。建议涮8秒。

12

牛肉丸手艺人淮叔：
品质和信誉比生命更重要，
这就是工匠精神

Chaoshan Handicraftsman Mr. Huai: The Spirit of Craftsman Means Quality, and Reputation Outweighs Anything

文： 岑汐 **编：** 陆沉 **图：** 岑汐，陈小淮
text: Rene **edit:** Yuki **photo:** Rene, Chen Xiaohuai

说起潮汕牛肉火锅，除了那些听起来让人感觉云里雾里的牛肉部位外，一定还与闻名遐迩的牛肉丸连在一起。潮州虽地处"省尾国角"，潮人潮商却遍布世界，因而有"国内一个潮汕，国外一个潮汕"的说法。潮汕人讲究"工夫"，潮州菜和潮州工夫茶享誉海内外，总能勾起在外潮汕人的故乡情结。潮州牛肉丸手艺人在制肉丸的时候，是否亦怀抱着一泡三杯的工夫茶心态？

profile

陈小淮：斜杠中年，曾经走南闯北，历经海关、贸易等数个领域，目前是潮汕牛肉丸民间手艺人。忙时用心做牛肉丸，闲时山中独住，练字游泳，养猫种树，喝茶发呆。

潮州街景。◎岑汐摄

记者随陈小淮一同到市场挑选制作牛肉丸的新鲜牛腿肉。◎岑汐摄

知中：牛肉丸在潮汕牛肉火锅中扮演哪种角色？

陈小淮：牛肉丸在潮汕有上百年的历史，据说是由客家人的肉碎团子改良而来。在20世纪八九十年代，随着经济水平的提高，牛肉火锅才比较普遍，如今又因其经济实惠遍布城乡，成了潮汕人比较喜欢的美食。潮汕美食太多，牛肉火锅只是我们这里一个寻常吃法，在外地却声名大噪。

牛肉丸在牛肉火锅里的作用我想是两个字——铺垫。牛肉丸随汤锅一起端上来，算是一道餐前小吃，每人一到两颗就刚好。如果等到后面煮沸好几回再吃，口感就变得很柴，也没什么味道了。

不过最正宗传统的牛肉丸食法，还是做牛肉丸汤或牛肉丸粿条——将牛肉丸在清澈的原汤里煮开，连汤盛在碗里，加上芹菜粒、

香油、胡椒粉和炸蒜碎直接食用；或者将另外煮好捞干的粿条、面条盛在碗里，把滚烫的汤和牛肉丸加进去，再加上调配料，就是一碗牛肉丸粿条。这是潮州人食用频率最高的一种食品，餐餐可食，随处可见。

知中：牛肉火锅诞生在潮汕是因为这里的牛肉特别好吗？

陈小淮：这是外地朋友很容易有的一种误解，潮汕地区自古以来都不是产牛地。但因为潮汕人吃出了花样，给不明就里的人造成"这边的牛好，所以牛肉火锅才好吃"的印象。事实上，这边屠宰场里宰杀的大多都是从全国各个产牛地运来的活牛。以前是从云贵一带运来，现在因需求量大，还要到山东、河北、内蒙古等地采购。这些牛我们会先圈养几个月，喂以玉米秆或草料加玉米麦

麸混合的饲料，等膘肥体壮了再屠宰。

　　牛肉丸和牛肉火锅诞生在潮汕，是潮汕人对食物食材精细处理巧妙利用的一种体现。一头牛，哪些部位适合做火锅、哪些适合做肉丸、哪些适合炖牛杂、哪些适合风干做肉干等，都有讲究。在不浪费的基础上，我们还要通过自己的加工，不断去改进，以找出最适合的烹调方式。这个探寻的过程也是潮汕人自找乐子的过程。

知中：你和家人朋友会经常一起吃牛肉火锅吗？

陈小淮：对。我们这里家庭观念比较浓，人与人之间接触多。过去不经常吃主要还是因为没有钱。记得20世纪90年代我去深圳，车公庙开了第一家"潮泰牛肉店"，一进门几十张桌子，排场很大。50块钱一锅，标配是汤底加大约半斤牛肉丸和两盘肉，若再加一份炒粿条，两个人就够吃。当然，如果另外添肉就再加钱。现在生活条件改善了，有空时亲戚朋友都会一起去吃大排档或牛肉火锅。

　　潮汕人家庭观念强的另一个原因是城市不大，聚会很容易。若在大城市，流动性强，没几年就换一批邻居，大家平时工作也忙，要聚会的话时间还要浪费在路上。在过去，大伙儿吃的苦多，也需要互相扶持，因此都很信任彼此。

知中：听说你自己曾经也养过牛，养得如何呢？

陈小淮：几年前，我刚关闭了一个没效益的小工厂，和几个朋友在城市附近租了一片山地，搭了几间简易房子，算是一个小山庄。

陈小淮收养的流浪猫。陈小淮在山上有自己的小屋，极爱猫的他定期便会投喂山间野猫。◎岑汐摄

由于其他人都还有工作，要到周末或假日才去聚会，所以平时就我一个人在那儿"闲云野鹤"。

恰好，有朋友给我介绍了一种改良的牧草品种，而且当时看好牛肉的市场需求，我在山上又有地方养，所以想试一试，看能否搞个养牛场。其实到现在来看，这个需求还是有增无减。当时我开了一亩地种牧草，买了三头黄牛，后来发现一亩牧草根本不够它们吃。因为怕它们饿，我得另外买很多玉米秆、干稻草之类的饲料。有时候，我还要牵着这几头牛满山找草。

这期间，我四处去找能种草且能建牛棚的地方，但总找不到合适的，再算算需要投入的资金不少，所以我养了半年左右，还是把牛原价卖回给卖家了。这就算是多了一个放牧养牛的经历，也说明了这个地区很难批量养牛，若要真正有效益就得有一定规模和大笔资金投入。

知中：你的牛肉丸是传说中的"手打牛肉丸"吗？

陈小淮：大家对"手打牛肉丸"有很大的误解。捶打只是制作牛肉丸的一个基础步骤，要保证牛肉丸的品质，还有很多重要的环节要注意。

现在外面看到有壮汉拿两根铁锤去打，很多都属于表演性质了。真要那样做肉丸，人力成本太高，那是过去没有机器时不得已而为之的，很难规模化。更重要的一点是，在天气热时手捶很难保证肉质的新鲜。这个时代大家对"手工"着迷也可以理解，但还是要更理性一点。想制作鲜美弹牙的牛肉丸，最重要的是要保证肉料优质、环境低温、制作严谨。

第一步是选肉。既然控制不了牛的产地来源，经验就很重要。颜色紫红、表面鲜艳润泽、手压有弹性、刚从屠场送过来还带有体温的，就是好肉，有的甚至还会颤动。拿回来后第一时间开空调和风扇，拿筛子把肉架起来或挂起来，全方位通风。

第二步是挑筋和分割，一大块牛肉，外面看着没什么，里面的筋特别多，连同脂肪都要尽量剔掉，还要求手快。这是整个环节里最费神耗时的一步。

第三步才是打浆。至于很多传言说"只有手工打制可以保证纤维不断裂"更是无稽之谈。绞肉机是靠锋利的刀片和挤压把肉切碎；而做肉丸的打浆机器，则是用钝刀加上离心力，将生肉打成既粘连又细腻的肉浆，和手捶效果是一样的。肉丸的制作全程都需在空调房里操作，机器周围还要加大量冰块，每打四五秒就停下冷却。因为机器高速运转也会发热，所以要随时留意肉浆的温度。如此反复几次，可把肉浆打得细腻光滑，还能闻到新鲜牛肉的清香。

打好肉浆后，还要用手反复拍打几百次。"手拍"这个环节，有些地方也会用机器代替，但用手拍打就像和面，可以让口感更筋道，这样的肉浆提起来能连成片，中间有大小不一的气泡，之后挤的牛肉丸里就会形成空洞，弹性很好。煮熟后往桌板上一掷，能弹起二三十厘米，说能当乒乓球打也不过分。一口咬下去还会有"噗"的一声。

再之后才是挤。现在外面很多人用机器，一分钟挤一两百个。而我还是用传统的方式，手工挤出来，用勺子刮成丸子。水烧到九十多摄氏度时，一个一个下进锅里，第一遍让它成形，第二遍一起煮熟。通常这一步都是老伴儿来做，同时我抓紧处理下一批肉浆，这样最新鲜。

所以大家追求的"手打牛肉丸"，除了捶打之外，其他步骤都是机器替代手工。相比之下，我这里的手工环节还要多一些。平时我早上6点去买肉，十几分钟后回来，二三十斤的量，10点就可以做好。

陈小淮制作牛肉丸的过程
陈小淮的"圆味哒"牛肉丸，只在鲜纯肉料中加入必要调味料，如淀粉、盐、鱼露、味精，用山泉水制煮。最后以真空包装，冷链配送。真空包装下，冷藏（3~5℃）可放18~20天，冷冻（-18℃以下）可放3~6个月。陈小淮提醒，一般烫煮两到三分钟便可食用牛肉丸了，长时间沸滚会影响味道和口感。

知中：配料有什么讲究，是传承的秘方，还是自己去创新？

陈小淮：做牛肉丸可以说最没有秘密了，没有任何配料是不能告诉别人的。不过我也有一些改进，但目的不是为了推陈出新，创造新口味，而是围绕"既弹又柔，细腻的口感，新鲜、甘香、纯正的口味"和"还原小时候的味道"来进行的。

我做牛肉丸，配料就只有水、盐、淀粉、味精、食用碱、小苏打和鱼露。如果说里面有"秘方"或者"创新"，那一定是"严谨"二字。我专门估算过，不算水，肉料和固体配料的比例是95%和5%。除此之外，再没其他的添加剂。真空包装的牛肉丸，冷藏在0℃的环境下，三到四周内口感和味道不会变。

对配料本身的质量我有自己的要求。水得是从山上打回来的山泉水，最近出现罕见的干旱，山上没了泉水，只能用自来水，那就先晾一天除残氯。外面做牛肉丸一般都加食用碱，我把一半分量替换成小苏打，这样更温和，肉质也更光滑。食盐用的是澳洲湖盐。我会加一点味精来提鲜，这对健康是没有影响的，还会额外加鱼露，调鲜效果很好，就是成本高一些，其他人可能不会这样做。

成形的丸子需要煮熟，因为第一锅是清水，我会加一袋之前做好保存起来的原汤，用来做一个汤引。这样和后几批比，第一锅的味道就不会被冲淡。

这些改进虽然看起来不是什么大事，但都能做好的话就是高品质。我这小工坊虽说没有开放的店面，照样办了营业执照和食品卫生许可证，还注册了商标。如果大家都能认真去做高品质的丸子供应市场，既安全健康，又是对真正潮州美食的传承和弘扬，那我会很开心的。

知中：为什么想到要做牛肉丸，是家族传承吗？

陈小淮：我家里不是做这个的。我本人以前做过工人，也当过公务员。后来在20世纪90年代跟着那股下海潮下了海，先是经营贸易公司，后来做电器配件工厂。不过最后一事无成。做牛肉丸之前我在山上住了5年，去年父亲去世，因为要照顾80多岁的老母亲，我就在附近租了这间民居做小工坊。

我喜欢美食，有条件的时候很讲究，平时也会凭兴致去市场买东西自己烹煮。如果有好的食材，不讲究方法或不用心烹煮，那就是暴殄天物。很多好吃的东西我吃过后，觉得自己完全可以做出来，我很自信有这天赋。

其实牛肉丸在我们这里只是一种很常见的街头小吃。在我童年时期，潮州城里只有少得可怜的几家饮食店，还有几个街头小摊儿在卖丸子。一毛钱一碗，两个丸子配粿条汤，或者一份四个纯丸子。那时候要干活儿，很少有人舍得只买四个丸子的，因为吃不饱。我小时候都是好不容易攒够钱，去吃一次带两颗丸子的粿条，那个情境和味道一辈子也忘不掉。

但我长大以后离开潮州再回来时，已难觅当年的美味了。有个朋友家里是传统做丸子的，但后来也改行做别的了。他们有空时还会做一点自己吃，以及送亲戚朋友，这样我才有机会又吃到跟以前一样的牛肉丸。也就在那时我吃了手捶和机打的牛肉丸，才知道这个环节对牛肉丸的品质、口感没有什么影响。朋友们都经常抱怨外面的丸子不好吃，甚至于怕吃到掺杂掺假、含有害化学物的丸子。

所以，我觉得自己可以试试，就去朋友那里学了基本的方法。中间逐步调整配比和各道工序，直至出现最佳的口感和味道。当时做出来后送给朋友吃，大家第一反应就是，又吃到了当年的味道和感觉，吃了以后就没办法再去吃其他牛肉丸了，还自发在朋友圈帮我推广。这些都让我觉得挺骄傲的。

知中：现在你的生活压力并不大，明明可以不做事，或者做其他更容易赚钱的事，也不用爱人来帮忙，为何还要坚持做这个小的生意？

陈小淮：对，我这个生意特别小，比市场上的小摊贩还小。从做丸子、真空包装，到贴标签、灌小袋汤料，再到密封……就连炸蒜、分装，都是自己做，还要送货和发外地快递。现在随便去哪里打工都比这个收入高，从投入产出比来看，回报率很低。

目前我没有多想，只计算肉多少钱，卖多少钱合理，不亏本就好。只能说是为了兴趣，找乐子。其他时间我就休息：在山上的小院子写字，在屋前草坪泡杯茶。每天满目青山，呼吸清新的空气，听蛙鸣鸟语，练字、游泳、跑步。对了，我还养了十几只猫，隔几天就得过去看看。好多人都羡慕我这样的生活。

现在除了做牛肉丸，平时我也很自由，没有压力。当然忙的时候也有，过年前的十几天，天天都要做丸子。但因为习惯了，心理上也不会觉得太累，而且还很有成就感。春节前我有天做了30多斤，早上还没订单，到了下午电话一个接一个，很快全部都卖完了，这样也很开心。

商人都是以追求最大利润为目的，但我不是抱着这样的心态去做，所以能做下去。在日本就有很多百年手工小店，一天就做这么多，生意再好也不增加，也不求做大或者去开连锁店。品质和信誉比生命更重要，超过自己能把控的范围就不做了，在我看来这就是工匠精神。

知中：对你而言，能把控的范围具体是指？

陈小淮：目前这种家庭手工作坊，在不雇人手的情况下，一天50斤以内。

知中：如果条件合适，在北京、上海这种大城市有人请你去做牛肉丸，去不去？

陈小淮：前几年去深圳就有这个想法，当时看好福田。他们招商可以随你选，我定了一个过道铺位，人还没有分流，必定会经过。在工作日的时候去看了一下，光上下班两个时段，一小时都有上万人经过。如果卖牛肉丸或粿条，用保温的锡箔纸包一下，上班的人可以带走吃。但现在家里还有老母亲要照顾，加上一些其他原因就没有继续这个想法。

本地像我们这样家庭式的店也有一些，只是外地来旅游的朋友不知道门道。如果要做其他模式的话，就等于创业了。我现在50多岁，已经到了退休的年龄，要重新考虑下还有没有这个必要。现在这样一天30斤或40斤，不做的日子我们就出去玩，日子还比较舒服。我自己倒是什么环境都能很快适应，只是目前不想轻易打破这个平衡。

创业起码要再做5年、10年甚至更长，那样的投入也不单是财力和精力，还要看新的模式你是不是会乐在其中。要么就是这样默默无闻地做，要么就做成一个大品牌。如果有科学的营销和管理，把控严格，遇到合适的投资或合作方，大家都有信心，那我愿意去尝试。我不希望沿用一些老套的方式。前两年北京、上海的潮汕牛肉火锅店，通过资本运作的方式做连锁，很多一夕之间就倒闭了。没有本土化，供应链跟不上是其中一个重要原因，这个跟海底捞或麦当劳不一样。

知中：想没想过有哪些具体方向可能把牛肉丸的规模做大？

陈小淮：方便食品可能是个方向吧。虽然大部分人会把速食食品等同于垃圾食品，但我认为可以尝试去做有营养又方便的产品。

做速食的难点在于如何解决存放温度问题。我的牛肉丸，要保留最佳风味需要冷藏存放，最好不要像汤圆和水饺那样速冻。那样的话，就失去了做丸子时争分夺秒保证一手新鲜的意义。另外，我不希望省略的步骤比人家多，比如广东省内的快递（省外快递不能发液体），我们会附送一小包当天做丸子后留下的原汤，让顾客当作引子加到水里煮，提鲜。这样分装到小袋并且进行密封和冷冻比较琐碎，市面上没有人这样做，这种琐碎的手工在他们看来是徒增成本，但我愿意多做一步让牛肉丸吃进口里的味道更好一点。

另外，我也有想过给高端酒楼或者精品私房菜做定制。很多大厨也要经常去搜集品质过硬的材料，丰富他的菜谱。量也不需要特别大，做成精品即可。合适的点在于"以需定做"，好把握，利润也可能比现在高点。食客一般很懂得吃，就会比较珍惜你费的工夫。

我并没有抱着"有钱赚就做"的想法，往大了讲还是有自己的情怀和坚持在。有些朋友开玩笑说我现在很成功，这么老了想做什么都还可以做好。这么一听，我就又有成就感了！

13

广式打边炉：
将简单的料理做到极致
Canton Style Hotpot: Stay Simple, Stay Fabulous

文：刘一晨 采：陈宝心 编：陆沉 图：夏亦珺
text: Liu Yichen **interview:** Chen Baoxin **edit:** Yuki photo: Xia Yijun

"罗浮颖老取凡饮食杂烹之，名谷董羹，坐客皆曰善。诗人陆道士遂出一联云：投醪谷董羹锅内，掘窖盘游饭碗中。东坡大喜，乃录之……"苏轼这一句里的"谷董羹"很是值得一提。杨子静先生在《粤语钩沉》一书中曾对此语做出解释："'好作谷董羹'为'惠州习俗'，始出自宋，或为当今打边炉之源起。"其中"谷董"一词实在有趣，吴定球先生曾表示，此词当为象声词，是食物投放汤中所发出的"咕咚"这一声。由此看来，这种"凡饮食杂烹之"的原材料和烹饪手段，以及名为"谷董羹"的东西，便是后来广东人的打边炉。由此可见，至少在北宋时期，打边炉便已然原形初现了。

清水火锅中的特色食材——水蛇片。

顺德，又名"凤城"，是广东佛山市的五个辖区之一，连通佛山与广州两市。这里是广府粤菜的发源地，也是中国厨师之乡。
◎意匠摄

打边炉，实为打甂炉，放到普通话里大概就是吃火锅的意思。《说文新附》有注："打，击也。"而"打"这个动词，实际上所包含的动作很多，击打或是类似击打的动作，都能算作"打"。在"打边炉"这个词中，"打"则是"涮"的意思。"甂"是古代汉语中"小瓦盆"的意思，《扬子·方言》有证："自关而西，盆盎小者曰甂。"《广东通志》上记载："冬至围炉而吃曰打边炉。"从中可知，至少在清道光年间，名为"打边炉"的菜品已经在冬至日里端上餐桌了。经历了千百年的变迁，从谷董羹到如今桌上的打边炉，其中的变化也已不计其数。

从器具上说，"打边炉"的锅当为泥制，因此叫"瓦罉"，即砂锅；炉也是泥做的，内烧木炭。后来渐渐发展为炭铜火锅，红铜光泽红润，锅下炉火融融，几人围站，气氛时而热闹时而温馨。然而对于寻常百姓家，这样的器具并不便捷，于是便渐渐销声匿迹了。现在常见的火锅炉具有三种：卡式炉、电热炉和电磁炉。餐馆里多见卡式炉，烧起来快，不必久等；而自家开火则常用电热炉和电磁炉，安全又方便，尤其后者，既快速又干净。

最早，"打边炉"都是站着吃的，"打边炉"的筷子也是竹制的，而且特别长，比普通吃饭时的筷子要长一倍左右，便于站立涮食。但如今这个传统也发生了改变，众人相约打边炉，早先的围站变成围坐，兴致却丝毫未减。

从食材上讲，这投入锅中的食物也比以前更为丰富。打边炉吃上几个小时并不是怪事，广东人打边炉，往往带了一份闲情逸致。锅里可以放鸡片、鱼片、肉片、虾片、鱼丸、粉肠……只要"见火就熟"，就都可以往锅里涮上一涮。现在，有的酒店的打边炉已经分出了更为详细的种类，羊肉火锅、海鲜火锅、什锦火锅、猪肉火锅、毛肚火锅等，应有尽有，还有些打边炉餐馆专涮野味，自然又别有一番滋味。然而，几十年前，打边炉一度没了踪影。那时诸类食材凭票供应，普通人家各家各户每月只能领到一小丁肉，这样的涮料，自然是撑不起一顿打边炉的；直到改革开放，广东各处打边炉的炉火才又一点一点燃了起来。时至今日，打边炉已经吸收了诸多外来因素，在广东许多地方，这已与普通的火锅没有什么差别。

"松记"创始于1988年，已专注做了30余年的清水火锅。

* 该部分由顺德松记清水火锅主理人潘魏彬、潘其君协助完成。

Canton Style Hotpot: Stay Simple, Stay Fabulous

清水火锅，不只是清水而已

老广对美食的执着闻名全国，俗话说"吃在广东，厨出凤城"，凤城即是顺德。顺德厨师和菜式如此有名气，得益于发达的桑基鱼塘，它让这片土地成为丰富食材的产地，衍生出清而不淡、鲜而不俗、嫩而不生的美食文化。出于对原材料极致的鲜味追求，顺德人几乎家家户户都吃清水火锅，它符合广东人所追求的快捷而高效的做事风格。

于1988年创立的松记清水火锅，专注于简单一锅清水，坚持顺德美食的简朴纯正、原汁原味，其中既不掺假，也不取巧。潘魏彬和潘其君夫妇作为土生土长的顺德人，秉承了前一辈对食材鲜味的执着，用味道让更多人领悟到，这简单的清水火锅也有它不简单的地方。

松记火锅曾多次获得美食类奖项。

清水汤底的秘密
Clear Water as Hotpot Broth

Q：传统的广东火锅通常会用什么汤底？

A：传统的广东火锅也有很多种，主要是清水汤底，可以还原食材的原汁原味；也有一些会加入特色的药材做汤底，这就比较注重养生滋补的效果；也有会用粥底，以保持烫菜鲜嫩，还有天然去腥提鲜的功效，粥水烫食任何海鲜、禽畜都没有腥味。但不管怎么改变，对广东本土特色火锅而言，有一样是不变的——用不同的锅底，都是希望呈现食材的鲜味。而一锅清水对食材而言，就好比一块照妖镜——清水一煮，食材的好坏就一目了然了，清水汤底把广东火锅对食材追求的"鲜"发挥到了极致。

Q：清水火锅汤底在制作过程中有什么需要特别注意的地方？

A：清水火锅汤底的制作，你说简单也可以，准备一锅清水即可，但并不是什么样的水都适用。做清水火锅需要特别注意水质，不能用久置的水，也不能直接用自来水，因为自来水里面有氯。以前的广东人会用井水来做清水火锅，现在我们松记就是用普通的食用水，里面不需要放任何调味料和食材。

手打牛肉滑。

姜、葱、油、酱油是传统广式蘸料中最
常用的几样。

广 式 蘸 料 的 特 色
The Special Canton Sauce

Q：清水火锅在食用过程中需要哪些蘸料？和其他火锅比有什么特色？

A：清水火锅的调味一般用葱、姜、油、酱油。松记对配料也是经过精挑细
选的，姜、葱都是严选有机产品，油则采用新鲜的花生油，酱油用的是海鲜
酱油，口味会偏甜，以搭配我们的食材，整体简单又不失独特。

　　清水火锅中的酱料是辅助提鲜的，我们更关注食材的品质，所以清水火
锅只需要简单的调味料就能让你品尝出食材的鲜味。在广东，用姜、葱搭配
酱油、花生油，是比较传统的蘸料配方。它适合所有的火锅食材，特别是猪
肝，包着姜丝一起食用才能品出猪肝的最佳风味。

最重要的是新鲜食材
Fresh Ingredient is Everything

Q：清水火锅在食材的选择和处理上，有什么讲究？

A： 总的来说就是要新鲜。我们都是在凌晨时亲自去各大市场和我们承包的屠宰场取当天的食材，以保证百分百新鲜。如果当天的某种食材不够新鲜，我们宁可告诉食客没有货，也不会挑选次品回去。

Q：吃清水火锅，必点什么菜式？

A： 松记的清水火锅基本是以猪肉、牛肉、鸡肉、鱼肉为主，提供的菜式不太多，总共就二十种左右。顾客必点的有竹肠、手打猪肉滑、水蛇片，本地人喜欢点江西草鸡和鲫鱼。同时我们也提供一些比较特别的菜品，例如猪面肉、猪金钱、猪板筋、猪牙肉、猪耳筋、牛腱、牛腩坑、鲜羊肚等。

较为热门的竹肠其实就是猪肚出口一市尺长的那段，经过松记师傅处理后看起来

粉嫩爽脆，涮烫后脆甜，但吃下去时又留油质，入口满足。手打猪肉滑选用的是上等猪颈肉，先把肉用刀剁碎，再以人工捶打的方式制成肉滑，并往里面拌入一些芝麻，这样一来口感比较弹牙脆滑，伴有猪肉和芝麻的香味。这些菜品中，猪肝比较讲究刀工，切片虽然较厚，但口感也是爽脆的。水蛇片则需要去掉皮和骨，只取蛇肉，用清水涮煮的蛇肉非常清甜。

季节性的食材只有一种，就是手打鲮鱼滑，只在冬季提供。制作时需要将整条鲮鱼起肉，然后用手打成肉泥，并加入芫茜、马蹄和云耳，肉滑方成。虽然没有猪肉滑弹牙，但它比较爽滑，能吃出鲮鱼的鲜味。

清水火锅提供的菜式不多，但每一样都经得住清水的检验。

"松记"所选用的江西草鸡，是走地鸡的一种，也是店内的热门食材，肉质厚实弹牙，且有清甜味。把鸡处理干净并开肚后，为保留鸡肉味，不再进行单独冲洗，而是用盐、糖、生粉、油、酒腌制。

后厨处理食材时分工明确。部分切片后的食材还会再进行腌制调味，确保口味和口感。

吃完火锅后，可选择烫煮主食。

吃 也 是 个 技 术 活
How to Enjoy Canton Hotpot

Q：吃清水火锅有顺序上的讲究吗？

A：清水火锅对食材下锅烫煮的顺序还是比较讲究的，不会一次将全部食材倒进锅中。一般下菜的原则是由淡到浓，味道依次递进。推荐首先放手打猪肉滑；然后放鸡肉，因为用鸡肉煮过的汤再煮其他食材更能激发食材的鲜味；之后放鱼肉，再涮牛和猪的肉类和内脏；接着煮羊肚和猪肠头等口味重一些的食材；最后煮面和蔬菜。

Q：每样食材的烹煮方式、时间上有什么要注意的呢？

A：想体现食材鲜味，控制火候是非常重要的一步，我们对这方面要求很高，会安排员工帮顾客控制每样食材的火候和时间。水烧开后，放入食材，根据不同食材调节至适合的温度后，慢慢浸煮至刚刚熟的状态，确保达到最佳的口感，比如猪肝，一定要待清水沸腾至100℃后调至慢火，再放食材。

我们的员工经过每月培训，能以肉眼判断水的沸腾程度、肉的颜色，以此来把控食材的最佳火候。

Q：当初为什么会选择做清水火锅？

A：潘其君：松记火锅从1988年做到现在，专注清水火锅已有30多年了，这些年来得到了很多食客的认可，算是老字号。松记创始人潘松兴（松叔）和妻子都是土生土长的顺德人，起初为养家糊口开了一家粥店，后来转做炒菜，但是炒菜十分辛苦，于是又转型做火锅，将可以蒸和煮的食材用清水涮煮。松记从一开始只有两三张桌子的小店做到现在，已经有4家分店，并由我（松叔儿媳）和老公（松叔儿子）接手管理。松记的食材选择和涮煮时间的讲究，都是松叔自己构思实践出来的，我们只是用现代的管理方式去传承这份味道，当然我们也会发掘新的食材，带给顾客更多新意。

竹肠新鲜爽口，涮烫30秒即可使用。许多老饕都反映"吃得停不下来"、"每次要点两三份才够"。

打边炉的必备器具
Your Must-have-items in Canton Hotpot Restaurant

不锈钢锅的锅底厚且平，有良好的导热、传热性能，是涮烫火锅的好选择。日常保养时可以用小苏打加少量热水擦拭，保持锅体光泽。清洁时，最好使用温水。

刀具在长时间的使用之后会出现钝化、锈蚀的情况。为了保持刀口锋利，厨师们在使用刀具前都需要用磨刀石进行抛光。抛光之后的刀面光滑，可减少切削时候的摩擦力。

厨师们选刀时，会亲手试用不同大小和材质的刀具，选择出最称手的一款。平时在处理食材时，也会根据食材的质感来选择不同大小的刀具。

153

14

海南椰子鸡：
南方料理的甘甜之味

Hainan Coconut Chicken Soup:
The Sweet Taste in Southern Cuisine

文: 刘一晨 采: 陈宝心 编: 陆沉 图: 夏亦珺
text: Liu Yichen interview: Chen Baoxin edit: Yuki photo: Xia Yijun

椰子鸡的两大原料是椰子和文昌鸡。与其他热带多雨的地区一样，椰子是海南的自然特产，不仅椰汁清爽解渴，椰肉也十分鲜嫩爽滑，在我国，椰子几乎成为海南的代表。而另一主要原料文昌鸡，则更有一番讲究了。

椰子鸡的烹煮只需三分钟即可。

经历了两千多年的发展，现今的海南菜已经成为一支基于中原饮食、兼有黎苗特色的菜系，"文昌鸡"位列海南菜四大名菜之首，成为来海南的五湖四海的游客美食必选项。文昌鸡本身也有非常悠久的历史，它不仅是椰子鸡里的原料，就连新加坡国菜"海南鸡饭"也都要以正宗的文昌鸡为基础才可。许多海南当地人都知道，文昌市有一潭牛镇。相传，潭牛镇镇北有村，村外有许多参天古树，巨大的榕树盘根错节，浓荫遮日。树上宛如一片绿地，鸡雏成群，以榕籽、昆虫为食。这些鸡雏生长缓慢，体小脚细，便是传闻中正宗的文昌鸡。据说明代有一文昌人在朝为官，回京时带了几只鸡献给当朝皇帝。皇帝品尝后称赞道："鸡出文化之乡，人杰地灵，文化昌盛，鸡亦香甜，真乃文昌鸡也！"文昌鸡由此得名，誉满天下。村舍亦以天子赞誉为荣光，该村便得名天赐村。天赐村中最早的养鸡人姓蔡，于是文昌鸡也被叫作蔡氏鸡。

如今当地人对文昌鸡的培养已经有所改变，但其饲料依然与其他饲养鸡有别：在散养过程中，以大米、番薯、花生饼、椰蓉等熟饲料喂食，于是有人戏言，是不是因为吃了椰蓉，文昌鸡便有了椰香呢？

老饕新宠：海南椰子鸡

　　如若论及当代餐饮，文昌鸡其实在几百年前就已名气斐然。但当时生活水平有限，文昌鸡只能端上生活富庶的东南亚华侨的餐桌；后来，随着经济的发展，终于有更多的人品尝到了文昌鸡之美味。发展到今天，在商业运作下，文昌鸡的种类鱼龙混杂，普通游客难以分辨真伪，甚至已经很难吃到正宗的文昌鸡了。椰子鸡本是一道烹饪流程简易、口味清新鲜美的菜肴，可纵观这其中的历史、传说和食材的讲究，便有了一丝沧桑的古意，再看看清淡的菜相，似乎又有些返璞归真之意味。

取椰子水做汤底，口味清新甘甜。

* 该部分由资深美食爱好者、"东莞美食大搜罗" 美食顾问Jacky协助完成。

椰味汤底怎么做？
How to Cook Coconut Chicken Soup?

Q：椰子鸡火锅的汤底是什么样的？

A：椰子鸡火锅不需要太复杂的汤料辅助。既然是海南椰子鸡，自然要以当地的特产椰子来做汤底最佳。如是自己准备食材，可直接选一个水分充足香气清新的椰青、一个椰子味十足的老椰子、一个甜味够浓的椰皇，三个取其水分倒入砂锅中，再放上两片姜片即可，不需另兑清水。外面的餐厅则一般选用椰青。在汤底中放姜片的主要目的有二，第一是去除鸡肉和其他食材的腥臊味，第二是椰青等属寒凉食物，姜片能驱除这些寒气。制作汤底时要注意不能放盐，盐会破坏食材的部分养分，如果一定要放，最好在火锅煮好后，等关火了再加盐。

Q：制作汤底的椰子，在挑选时有什么讲究？

A：椰子必须要够老，椰味才够浓，老椰子底部毛色棕中带黑。从外壳来看，老椰子壳厚，敲起来声音清脆。椰青、椰皇在挑选时可以手摇感受一下，只要足重且多水就可以。

毛椰子是成熟后的椰青。毛椰子俗称老椰子，椰子水较少，但椰肉厚实，味道浓郁。毛椰子去除表皮及纤维后，抛光加工可得到椰皇。想吃椰肉的话，应选择椰皇。

将嫩椰子的青色表皮削去后所得到的就是椰青。椰青即开即饮，市面上常将其削尖尖的屋顶形状。椰青的椰肉较嫩、椰子水较多，但椰香不够浓。

炖鸡的砂锅
The Casserole for Chicken Soup

Q：椰子鸡火锅主要选用什么材质的锅具？为什么？

A：最理想的锅具就是砂锅了。砂锅导热慢，所以能大大锁住锅内的水分，使其不易挥发，不容易有锅底部因高温而导致结焦，破坏汤底的问题。此外，砂锅受热均匀，锅里食材容易入味，关火后能够继续沸腾几分钟，保温效果非常明显，这也是椰子鸡要关火焖烧的一大环节。

椰 子 鸡 的 鸡
The Chicken for Coconut Chicken Soup

Q：椰子鸡火锅通常选用什么鸡？它们的养殖方式有什么独特之处？

A：椰子鸡火锅采用的鸡是海南文昌鸡或者清远走地鸡，相比之下文昌鸡更胜一筹。文昌鸡一般进行为期6个月的走地放养，最后20来天必须喂食椰子和谷类、糠的混合物，起到瘦身排毒的作用。经过瘦身的文昌鸡体油不多，煮熟后还有阵阵椰香味，跟椰子汤底是最佳搭配。正因养殖方式讲究，一只正宗的海南文昌鸡的身价较高，所以多数餐厅会选择广东最出名的清远走地鸡。这种鸡属于麻鸡类，在竹林放养走地，吃的都是鱼虾壳和谷糠，一般放养走地3个月就可以上餐桌，价格自然亲民些。

Q：如何判断鸡肉是否适合做椰子鸡火锅？

A：放养走地鸡和喂饲料的圈养鸡最大的区别是前者体油少，肉质嫩滑结实，鸡皮爽脆，鸡味足；后者体形较大，体油多，肉质松弛，鸡味不足。下锅前可以先观察鸡肉是否新鲜，新鲜的鸡肉表面有光泽且粘手，鸡骨骨髓鲜红。不新鲜的鸡肉会出水，骨髓暗红干涩，这样的鸡与椰子鸡火锅追求的鲜甜味背道而驰。

Q：鸡肉的处理方式有什么讲究？

A：椰子鸡火锅仅需要几分钟就可以把鸡烹熟，加上文昌鸡或者清远鸡的体形小，肉质细嫩，所以不需要腌制，直接砍成鸡块就可以了；鸡块不能太大，否则需要烹煮的时间就长，会导致有些部位过老。一般砍成两个手指宽度为适合，胸脯肉部分切成一个手指宽就好。

Q：不同部位的鸡肉经过涮煮后，会有什么不同的口感？哪个部位涮火锅最好吃？

A：文昌鸡最嫩滑的部位莫过于鸡腿，由于长期走动，鸡腿肉质结实嫩滑，口感好，其次是鸡背这一大块鸡壳，这部分吃的就是那层鸡皮，这块皮油脂最少，薄而爽脆，而鸡脯肉覆盖面积较大，喜欢吃的人较少，又有"傻瓜肉"之称。这个部位虽粗糙，但鸡味最重的就是这里，营养价值也高，油脂几乎没有，是健康食材。

Q：除了鸡肉，椰子鸡火锅还适合涮煮什么食材？

A：除了主角鸡肉外，可以选择口味清淡的食材同锅共煮，这样不会影响汤底口味。最常见的就是珍珠马蹄和新鲜竹荪，这些都有助汤头提鲜。珍珠马蹄是海陵镇的特有农业品种，其状小如珍珠，软糯香甜。竹荪分布广，云南出产的个头大，菌味鲜浓。一直以来菌类跟鸡肉都是最佳搭配。

云南竹荪

海南文昌鸡

放养的走地鸡肉质紧实，深得老饕
们喜爱。

珍珠马蹄

风味调料

The Special Sauce for Coconut Chicken Soup

Q：椰子鸡火锅的蘸料有什么讲究？

A：椰子鸡汤属于清汤，蘸料不需要过于复杂，海南沙姜末、小米椒粒、小青柠或者小金橘、酱油，这几样随个人喜好来调量混合即可；也可以用广式蘸料——花生油加酱油，花生油的油香跟鸡肉也十分相配。因为这款火锅来自海南，海南属于海洋性气候，全年暖热，所以当地的菜式都以酸辣为主，青柠或者金橘就经常被拿来入菜调味，这样的组合能够增加味觉层次，酸甜苦辣都在这一碗酱汁里了。

Q：蘸料中对酱油的选择有什么要求？

A：因为椰水锅底不放盐，所以蘸料中的酱油是起到增咸添香的作用的，一般用些品质好且不太咸的海鲜酱油就可以，大家也可以特调一份酱油，用葱结、蒜头、冰糖、酱油这几样食材取适量同煮，浸泡放凉，隔渣即用。这样的酱油通常适合蘸清淡食材，微咸而带点清香，即使将整块鸡块浸泡在里面也不会太咸，更不会抢走鸡味。

椰子鸡火锅的一套经典蘸料。

椰子鸡在烹煮时一般不放盐，如果习惯咸口，可在汤碗里单独加盐。

烹煮时的注意事项
Tips for Cooking

Q：每样食材的烹煮方式、时间有什么讲究？

A：椰子鸡火锅的烹煮时间要小心把握，否则鸡肉可能流失其本身的汁水，这就是为什么煮久了的鸡肉口感很柴。最好用类似浸煮白切鸡的方法，先放些珍珠马蹄和椰子水汤底一起烧开，把鸡缓缓倒入锅中，再放上竹荪，盖上锅盖，大火烧开，转中火煮3分钟。关火后不要立即掀开盖子，应继续焗3分钟。食用时可先选择鸡脯，此时的鸡脯口感较嫩，再往后可能会变柴。

Q：椰子鸡火锅是比较有营养的一类火锅，它是否有不适合的食用人群？

A：文昌鸡鸡肉蛋白质的含量比例较高，而且消化率高，很容易被人体吸收利用，有增强体力、强壮身体的作用。鸡肉含有对人体生长发育起着重要作用的磷脂类物质，是中国人膳食结构中脂肪和磷脂的重要来源之一。椰子含有丰富的植物蛋白、氨基酸、脂肪和钾、镁等多种矿物质，有利尿消肿、杀灭肠道寄生虫、增强体质免疫力之效。两者结合在一起，营养十足，适合人群广泛。但椰子汁内含葡萄糖、蔗糖、果糖等，所以，像这种含糖高的食物都不适合患有糖尿病的人，脾胃虚弱、腹痛腹泻者也不宜食用。

关于鸡的小知识！
Know More About the Chicken!

鸡肉的不同部位，各自有什么特色？

● 鸡胸肉和翅根这两部位的肉质偏柴，油脂少，但鸡味足，营养成分高。由于这部位的脂肪含量较少，所以煮的时间不能过长，平时可用腌制后再低温慢煮的方法使得它细致嫩滑。

● 鸡脊、鸡爪、鸡翅，这些部位以皮层为主，少肉多骨，尤其走地放养鸡，皮层爽脆不易化，平时用来做卤水和炸物居多。

● 鸡腿肉肉质结实，是成熟的肌肉型部位，鸡汁丰富。

● 鸡肝不宜切片，应整个放入锅内，且不可煮太久，这样出来的口感嫩滑且糯。

● 鸡心处理时应先对半剖开，清洗干净里面的血块。鸡胗剖开清理杂物后，须去掉胃黄膜，再切花刀，这样涮烫之后口感爽脆。

● 鸡子是公鸡的生殖器官，为纯蛋白质，不宜烹煮过熟。鸡子刚刚熟透的时候不会起粉，而是爽脆的子膜包裹住半固半液的爆浆物。所以除了下在火锅中，最适合蒸食或以花雕酒烹调。

笼养鸡VS放养鸡

笼养鸡都是饲料养殖的，还会添加些激素使鸡迅速生长，达到增产效益，基本1个月左右就可以出栏。由于笼养鸡缺乏运动和阳光照射，所以鸡肉松散，皮下脂肪多，鸡骨薄脆，鸡味不足。放养鸡是长期放养走地运动的，喂以谷糠，自然生长，所以一般要3个月以上才能出栏，这样的鸡肉结实嫩滑，皮薄油少，鸡味浓。

文昌鸡VS清远鸡

广东有三大名鸡，除了文昌鸡、清远麻鸡，还有湛江三黄鸡，简称湛江鸡。正宗的湛江鸡平时是吃当地谷米和草长大的，生长速度慢，鸡肉纤维结实，易集聚养分。当地人把养鸡场设在山上，任由鸡在山上挑食谷米、小虫、草药、矿物质，喝的是山区里含有对人体有益矿物质的山涧矿泉水。由于鸡的鸡爪黄、鸡皮黄、鸡嘴黄，故美称"三黄鸡"。

砂锅是高温烧制的陶瓷制品，适合煨汤。

Hainan Coconut Chicken Soup: The Sweet Taste in Southern Cuisine

ALL ABOUT

HOTPOT!

ISSUE

关于火锅的一切！

15

臭味相投：
台湾臭臭锅

Share the Same Rotten Tastes:
Taiwan Hotpot

文：黄佩婷 **编：** 歌林
text: Huang Peiting **edit:** Green

水是火的天敌，随着锅的出现，人们将水
置于火上煮食，乃饮食史上一大转折点。
人们在食物储存的探索过程中获得五味之
外的"臭"，为另一转折点。而那从琉球
小岛巷子里飘来的阵阵腥臭味，则为两大
转折的集大成者。

臭味来自一口小锅。锅为铝制，扁平敞口，半
径约10厘米。锅下连小火炉，火苗晃动。滚热的高
汤上码放米白的臭豆腐，黑乎乎的米血糕，肥糯的
猪大肠等食材，色泽饱满，丰盛诱人。食客扇手嗅
汤，舀起一口，咻咻喝下，一脸餍足。

这种锅，被称为台湾臭臭锅。

臭臭锅是什么？

臭臭锅是一种台湾小火锅，炖煮式，单人份。

由于锅中有两臭食物，得名"臭臭锅"。一臭为臭
豆腐，二臭为猪大肠，前者人工臭，后者自然臭。
可能"臭臭得正"，反而让食客称香。台式的臭豆
腐和大陆长沙、绍兴的都有所不同。长沙臭豆腐，
所用的卤汁是冬笋、香菇、曲酒和豆豉所制，先浸
泡到表面生出白毛，再油炸。绍兴的则反之，先
炸，后浸卤水，原料多为生于江南和风细雨中的野
菜。台式传统臭豆腐的卤水是用老荠菜浸泡洗米水
后发酵而得，也有用刺桐叶、菜心、冬瓜、花椒等
来制，并加盐腌渍。

台北夜市。

除了"二臭",传统的臭臭锅里还有高丽菜、炸枝竹、米血糕、猪肉、贡丸等食材。台湾的客家人也偏好内脏、卤物等食物。这一锅恰好符合他们的饮食习惯,加之味道奇特且经济实惠,刚推出时便受到大众追捧。兴许是其口感较接地气,台湾臭臭锅在欧美国家近几年开的分店越来越多,台湾留学生得以寻此"古早味",寄托乡愁。

1998年,台湾第一家臭臭锅店开在彰化员林,创办人为张宗扬。因为负债累累,丈母娘为鼓励他,便带他逛夜市,想找点小本生意经营。他们碰巧看到一家摊贩正在叫卖清蒸臭豆腐,生意不错,于是激发了他以火锅方式烹煮臭豆腐的灵感。而后,又加入臭香的猪大肠一起在锅内烹煮,制成独特的台式新火锅,取名"臭臭锅"。为了感恩和勉励自己,张宗扬取丈母娘的昵称"三妈"作为店名,打造出后来在全台连锁的"三妈臭臭锅"。

臭臭锅的"融合"

臭臭锅以快速、平价、美味的特点征服了食

三妈臭臭锅从员林起家，在台湾有多家分店，每锅130左右新台币（即约30元人民币）。店员在店外几锅同时烹煮，虽然食客很多，但翻台也很快。

客，推动了台式火锅的发展。现在，台湾基本每条食街都有一家专卖店。为了满足不同人的口味，锅内的食材和汤头不断被改良，店家推出各式各样的台湾小火锅。有东北风味的酸菜猪肉锅、四川风味的麻辣锅，还有日本特色的蟹黄海鲜锅、中西结合的奶油锅等等。不同地区的饮食特色，经改良和本土化，成了新的台式小火锅。

臭臭锅本身也是各类菜系结合的产物。麻辣汤撒花椒是川菜的做法，而臭豆腐是江浙一带卤制品，大肠则是客家人偏爱的内脏物。三者混搭，相得益彰。川味也好，杭帮也罢，最终冠上"台湾臭臭锅"之名，可见"台菜"的多元融合，滋味丰富。

这种"融合"的饮食特点是台湾文化的产物。各帮菜系在大陆本壁垒分明，有其独门绝活儿。1945年，大批大陆人去到了宝岛后，由于原

料取之不易，或不符经济效益，大众口味异中求同，渐有大一统之势。舒国治在《穷中谈吃》中提到，在台湾的上海菜馆里还能吃上宫保鸡丁、麻婆豆腐等菜，台湾人吃菜就有混出新花样的习惯。

从饮食变迁看臭臭锅的 历史渊源

台湾是一个移民岛屿，其饮食习惯有四次明显的变迁，从中能一窥臭臭锅的前世今生。

第一阶段是1895年前，由中原迁移来的外来客和原住民的接触、融合。外来人主要从广东、福建、四川、广西以及湖南等地迁徙而来，他们将故乡的味蕾记忆和精神密码带入台湾。比如，受广东人喜"杂"（即指动物内脏）影响，台湾客家人好食猪大肠。再如，客家人自古多居山，

山区的特产如豆制品、笋、腌菜等现在也是台湾人常吃的食物。

第二阶段是1895年后的日据时期。这50年间，大量的日本人涌入台湾，带来日式食材和饮食习惯。在教育上，台湾学生接受日化，衣食住行都受到日本人的习惯影响。当时本土高等教育资源稀缺，大批优秀的台湾学生留日，饮食上进一步日化。这些学生返台后，成为社会的精英阶层，他们潜移默化地影响了台湾的饮食文化。日式的火锅为炖煮式，即将生食材放入锅中焖煮，讲究高汤质量。台湾火锅恰好沿袭其特点。臭臭锅属于一人食火锅，这类锅形起源于日本的しゃぶしゃぶ（涮涮锅）。

第三阶段是1949年后的戒严前期，来自大陆各地的饮食大幅度影响台湾本土饮食文化的离散与融合。当时迁徙而来的大陆人，被称为外省人。其中军政要员和商贾士绅统一居住于台北，他们的口味偏向江浙、湖南一带，蒋介石偏好的江浙菜在台湾迅速兴盛，湖南菜和川菜则因物美价廉、做法简单，广受普通民众喜好。而大多数军员被政府统一集中在"眷村"。来自不同省份的他们在闭塞和清贫的生活中，彼此交流烹饪经验，用有限的食材解决温饱。在这里，各类菜系

相互混搭，无形地孕育出口感丰富、包罗万象的台湾菜。

此阶段是台湾火锅的开端。传统的闽南人和客家人是不吃火锅的。大陆传来的四川火锅和北京涮锅，一定程度上普及了火锅料理。但由于气候偏热，羊肉稀少，当时的火锅只有部分外省人开的餐馆在冬季有售，无专门的店铺，不大受欢迎。到了20世纪70年代中后期，台湾都会区的平价餐馆开始装设空调，才出现了一年四季营业的专门火锅店。早期台湾火锅有点类似韩国的石头火锅做法，先炒后下高汤煮，并且在食材上添加了日本的关东煮、福州燕饺，佐以潮汕沙茶酱，是典型的一锅煮。

第四阶段是1987年台湾戒严后，各国食物开始涌入，促进了中西饮食文化交流。单人式的小火锅在台湾流行了好长一段时间。习惯多元口感的台湾人，不满足于海鲜清汤基底的单调，研发出各种各样的口味，臭臭锅就是其中一种。因其特点明显、传播广，现已是台湾火锅的代言。

通过追溯台湾的饮食文化，不难发现臭臭锅的诸多特点都能找到原始的味蕾记忆。一锅炖、臭豆腐、大肠、麻辣锅、重口味……看似偶然，从历史脉络看却有必然倾向。正如19世纪的美食

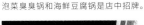
泡菜臭臭锅和海鲜豆腐锅是店中招牌。

家让•安泰尔姆•布里亚-萨瓦兰所说："它（饮食）更是特定地区、特定群组的历史记忆和传承。"透过这一锅，我们能触碰到台湾过去的饮食史。毋庸置疑，它是对台湾饮食文化的传承。

人们为什么食臭？

舌头只能感觉到酸甜咸苦鲜五味，臭味通常是闻出来的。臭臭锅中的猪大肠为动物内脏，有天然的腐臭味。而臭豆腐的臭，是因为腌制的过程中，蛋白质发酵，产生了一种有刺鼻臭味的硫化氢化合物。食客对此味褒贬不一。有人恶之，躲到八丈开外，质疑臭锅为什么"闻着臭，吃着香"？

首先，绝大部分臭食都是发酵后的产物。其经过发酵，蛋白质分解为各种更易消化的氨基酸和多肽，产生增进食欲的酵母物质，营养更丰富。而人类的大脑位于人体代谢的金字塔顶端，主要的能源物质是葡萄糖，因此，大脑偏好有丰富营养的食物。此外，小分子氨基酸的味道更鲜美，能促进多巴胺分泌，产生"香"的生理体验。

其次，食臭的饮食偏好受"青菜萝卜各有所爱"的基因因素影响。远古时期，人类缺乏料理和储存食物的手段，时间稍长肉类就发臭变质。但食物来之不易，因此若非高度腐烂，腐食多半也是会入腹的。久而久之，便形成了食臭的饮食习惯，腐臭的味道写进遗传因子，代代相传。

食臭文化由来已久。臭不在五味之中，属味之不正者。孔子说："色恶不食，臭恶不食。"但放眼当下，中华臭食遍地有。如长沙的火宫殿臭豆腐、宁波三臭（臭冬瓜、臭苋菜管、臭菜心）、安徽的徽州臭鳜鱼等，甚至还有学者曾提出"长江中下游地区"为"嗜臭区"。可见，中国人的食臭习俗是后天形成的。

古代的经济条件相对落后，百姓的饮食结构往往是"粗茶淡饭，糠菜半年"。蔬菜、肉类食材容易腐烂变质，但时人又无储存技巧，而粮食的匮乏也不允许浪费，不得已的情况下，人们只能食臭果腹。绍兴地区食臭习俗盛行的原因就在于贫困。食物不能满足日常生产生活需要时，只好依靠腌制的臭食来填补。久而久之，当地人在口味偏好适应性作用下，也就形成了食臭的偏好。

多雨潮湿的气候会加速食物的腐烂变质，使食物的保存难度增加。因此一到梅雨季节，江南一带家家户户都不断配制卤汁，对豆制品、蔬菜进行保鲜，渐渐推动食臭习俗的兴盛。当下宁波民间还有"无臭不下饭"的说法。此外，由于交通不便和运输困难，一些外地食物在较长的运输过程中变质，古人又舍不得扔掉只好食用。例如，古时安徽的鱼多从相邻城市越地而来，其间路非坦途，耗时亦多。通常鱼至，多半已臭了。人们也就养成了食臭的习惯，还发明出扬名中外的"徽州臭鳜鱼"。可见古代一些饮食习惯也助长食臭行为。

另外，食臭行为像是良性的"自虐"，明知是臭依旧要吃，这是因为人天性就喜欢新鲜的刺激，具有一定危险的刺激使人更兴奋。从进化的角度来说，臭味具有警戒和危险性，类似"痛觉"，生理会自动产生防备，例如呕吐、闭气等。但出于猎奇心态，人们会主动靠近，当发现这种臭食是安全的时候，那种追求刺激、追求新的感官体验的本能就会促使人们尝试闻起来很恶心的食物，然后享受着平安无事后的快感。据调查，女性的食臭偏好比例高于男性，或许是因为女性更易体验和压抑负面情绪，而口感复杂的臭食恰好能让她们寻找到更多的快感和兴奋，摆脱枯燥循环的日常。

臭臭锅中，冬粉跟王子面是必备选择。

16

云在青山缺处生：
贵州酸汤鱼

The Guizou Style Hotpot:
Fish in Sour Soup

文：齐予翼 编：陆沅 图：意匠，夏亦珺
text: Adam edit: Yuki photo: ideasboom, Xia Yijun

烹饪是人类所有文化的原点。 ——列维·施特劳斯

    贵州，简称黔，地处西南腹地，高原山地居多，素有"八山一水一分田"之说。值得一提的是，贵州是全国唯一没有平原支撑的省份，独特的地貌条件，亦塑造出独特的文化。这片土地上生活着多个民族，其中世居少数民族17个，苗族就是其中一支。多民族杂居与融合创造了多姿多彩、交相辉映的贵州文明，苗族也以其热情、淳朴和天人和谐的民族特点，始终在贵州地区散发着独特的魅力。

黔东南的梯田。◎意匠摄

"江从白鹭飞边转，云在青山缺处生。"这是宋代诗人赵希迈所作《到贵州》中的两句。◎意匠摄

酸汤鱼，是贵州黔东南地区苗族人家的一道名菜。"酸汤鱼"三个字，首先要提的是"酸"。贵州人擅长制酸，亦喜爱酸食。贵州本土有句民谣："三天不吃酸，走路打闹蹿。"其次是鱼，苗族、侗族人民喜欢在稻田中放养鲤鱼，每年秋收时节便抓起来煮酸汤鱼，吃不完的便腌制起来，做成"酸腌鱼"。

若对酸汤的种类进行划分，有数十种之多，最主要是两种。一是白酸，即用清米汤在酸汤桶中慢慢发酵而成，在温度稍高的地方静置一两日，色泽乳白、酸味纯正；二是红酸，也是相对主流的一种酸汤，红酸的主要用料为毛辣角，也就是野西红柿，将新鲜的毛辣角洗净，放入泡菜坛中，再辅以各类作料静置15天，便拥有了酸味醇厚、色淡红而清香的红酸汤。红油酸是红酸的一种，又名辣酸。制作时，需先将酸辣椒用油炒至见红，再加入野生毛辣角熬制去渣，其味酸辣相间，颜色鲜红，亦是非常受欢迎的一种口味。

鱼 与 田

令许多人感到惊讶的是，贵州酸汤鱼虽然是苗家名菜，所用的鱼却从来不是名贵的品种——不用鲟鱼、鲈鱼，而是最普通的鲤鱼。这种选择的背后，隐藏着苗家人的大智慧。

其一，生态环保的观念。贵州境内多沟壑，山峦绵延，水流丰富，原始植被良好。因此，黔东南苗人天生就敬重自然，讲究人与自然的和谐。选择鲤鱼作为酸汤鱼的主要食材，是因为鲤鱼不像其他名贵鱼类那般娇贵，一遇恶劣环境便死去；相反，鲤鱼适应性强，耐寒、耐碱、耐缺氧，即使在稻田几厘米深的水域中也能生存，在35℃的高温季节一样存活良好，这就给稻田饲养带来了许多方便。进一步说，鲤鱼属于杂食性鱼类，即使不投放任何饲料，它依然可以靠昆虫、藻类、杂草维生。而且，鲤鱼的排泄物还是很好的有机肥，可促进水稻的生长发育。因此，这样就形成了一个良性循环，"以田养鱼，以鱼养稻"，一方面可以改善稻田生态，另一方面可以带来美食，改善生活，这便是顺应自然所带来的回报。

其二，追求食材的新鲜。美国学者尤金·N.安德森指出："食物是信仰体系的组成部分，在这个信仰体系中，追求质量、新鲜、纯洁及高标准是必不可少的要素。"在做酸汤鱼时，黔东南苗族人往往会选择一斤半左右的鲤鱼。一斤半是很重要的标准，因为太小的鲤鱼刺多肉少，吃起来极不方便；

而太大的鲤鱼肉老而腻，缺乏鲜味。只有一斤半左右的鲤鱼，不肥不瘦，不柴不腻，入口肉嫩，满口余香。除此之外，苗族人做酸汤鱼都会去稻田中，提一个竹笼往稻田里网鱼。这种现抓现杀的方式，最大限度地保证了食材的鲜美，煮熟后的酸汤鱼芳香四溢，色香味俱佳。

其三，维持祭祀的传统。在苗族人看来，酸鲤是神灵在地府里的专用乘骑，能够引领死者的灵魂渡过冥河进入天界，或从天界回到人间。酸鲤能让祖先顺利到达彼岸，祭祀才算完整。因此，鲤鱼在苗族中有较为神圣的象征意义。比如，在老人去世安葬三天后，必须用一对鲤鱼来祭供；家里小孩生病，求神焚香之外，也要用一对鲤鱼来敬供。因此，对黔东南苗族人来说，酸汤鱼是招待贵宾的一道重要佳肴。

汤 与 山

众所周知，西南一带最主要的饮食习俗便是嗜辣，如四川、重庆。但若要论及嗜酸，则非贵州人民莫属。上文有句贵州民谣提到"三天不吃酸，走路打闹蹿"，后半句则是"顿顿若有酸，日行一百三"。

用酸溜溜、红辣辣、火热热的酸汤烹制而成的鲜鱼，不仅集中反映了贵州人民热情好客的风俗，其背后还有一套对食材味道进行取舍的价值体系——地理环境。法国历史学家布罗代尔指出："地理能够帮助人们重新找到最缓慢的结构性的真实事物，并且帮助人们根据最长时段的流逝路线展望未来。"这段话直接点明了贵州地理结构对人民饮食习惯，乃至口味取舍带来的影响。

云贵高原自古便气候潮湿，空气湿度较大。长时间在森林、高山、峡谷、河畔等地生活，容易引发关节炎、风湿病等问题，而酸辣的食物在祛湿驱寒方面往往有较好的效果。而且，贵州山地不易生产细粮，人们多以粗粮作为主食，如玉米、杂粮等，因此食用酸性食物还可以促进消化、健脾开胃。

在冬天，高山地区异常湿寒，人们通过烹饪酸辣食物，除了可以活血生津之外，还可以调节胃口，增加饭量，从而摄入更多的热量与营养，保证身体的抗寒能力。

从历史的角度来看，黔东南人民的生活始终较为清贫和封闭，且严重缺盐。于是，每家每户都储备酸坛，少的一两个，多的可达几十个。这些酸坛成为当地人民最主要的调味作料，也成了"名副其

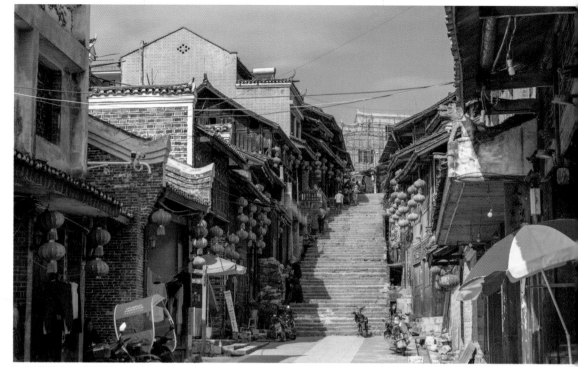

黔东南街道景观。◎意匠摄

实"的盐缸。在烹饪时舀一勺酸汤，既可以调味增进食欲，又可以补充盐分，维持营养的均衡。

可以想象，对世代生活在高山森林中的人来说，酸辣早已不仅仅是一种简单的口感，而是一种对生命本身的尊重。

黔之东南

人类学家列维·施特劳斯提炼出"烹饪三角"，发现生与熟、自然与文化、常态与变态的二元对立，是最简单也是最重要的人类饮食结构模型。烹饪三角中包含生食、熟食与腐食，其中生食具备自然属性，而其余两种则具有文化属性。

对大部分地区而言，生与熟的对比非常普遍，但很少有地区将生与腐、熟与腐联系起来。在对腐食这一概念的诠释上，黔东南地区累积了丰富的历史经验。无论是将生食（各类菜蔬）转换为酸菜，抑或将熟食（各类剩菜）转换成醅菜，都是贵州地区人民特有的、对食材进行文化转换的过程。

在深山峻岭、莽莽丛林之中，交通极为不便，将食材腌制成酸菜、泡菜，一方面易于长时间储藏，另一方面也有助于健脾开胃。所以说，在对"腐食"的处理上，黔东南人民占据了天时、地利、人和，反过来说，每一种食物形态的存在亦是

人类自性的一种选择。相较于生与熟转换的简单直接，能在"腐食"上做文章的民族，更显现出一种天然的耐心。不可否认的是，对烹饪来说，耐心有时比技巧更为重要。因此，在这种生活模式下诞生出来的美食——酸汤鱼，有其不可替代的美味。

面对食物，有许多种可供选择的视角。这一次，让我们尝试一下自然主义的路线——酸汤鱼的美味，不仅仅是一锅红汤，而是山、林、河、田的集体馈赠。

吊脚楼是苗族、侗族等少数民族的传统民居。
◎意匠摄

以黄骨鱼为料、番茄制酸所做成的贵州酸汤鱼。◎夏亦珺摄

17

辛甚曰辣：
中国人食辣的历史
The Brief History of Spicy Taste in China

文：刘天宇　编：陆沉　图：廖思睿
text: Liu Tianyu edit: Yuki photo: Liao Sirui

问起当代年轻人的饮食口味，可能很多人都会回答一句"无辣不欢"。人们对辣味的喜爱，早已从湘、蜀、滇、黔四大食辣中心扩散到全国范围。辣味食品与辣椒是不可分离的关系，然而，中国人对辣椒的食用才不到两百年。那么，在辣椒之前，中国人以什么作为辣味调料？辣椒又是如何成为人们的盘中美味？我们不妨从"辣"这个字入手，回顾一番中国人食辣的历史。

东方辛料

"辣"这个字出现较晚，它表示一种刺激性的味道。"辣"是一个形声字，右边的"束"是声符，左边的"辛"是义符，表示"辣"与"辛"味有关。三国时期魏国张揖所撰的《广雅》是我国第一部百科辞典，其中对"辣"的解释为："辣，辛也。"唐初玄应《众经音义》对"辣"给出了进一步的说明，"辛甚曰辣"。由此可以得知，"辣"出于"辛"，并且是非常浓烈的辛味。食辣的历史，便要从辛味上来找寻。

"辛"同样是一种刺激性的味道。《说文解字》辨："辛，秋时万物成而孰。金刚味辛，辛痛即泣出。"这种令人下泪的刺激味道，在辣椒进入中国之前，则是由花椒和姜等调味品充当的。《周礼·天官·疾医》曰："以五味、五谷、五药养其病。"其中"五味"，郑玄解释为"五味，醯、酒、饴蜜、姜、盐之属"，贾公彦补充说明："醯则酸也，酒则苦也，饴蜜即甘也，姜即辛也，盐即咸也。"这是以姜为辛料。《楚辞·招魂》："大苦咸酸，辛甘行些。"王逸注"辛，谓椒、姜也"，这是以花椒和姜为辛料。我们发现，辛这种刺激性的味道并不为人所反感，相反，它是用来娱神的美味。如前面引述《招魂》中的"辛甘行些"，便是以辛味献给灵魂。

中国人的辛料首先是花椒。在古代，花椒有求子、祭神、药用和食用四大用途。花椒多子，所以被先民视为生育的吉祥物，如《诗经·椒聊》："椒聊之实，蕃衍盈升。彼其之子，硕大无朋。"花椒气味芬芳而浓烈，可用于娱神，《楚辞》中常有用"桂酒椒浆"祭祀的实例。花椒味辛，可以驱邪、除湿、杀虫。当然，最重要的还是它的食用价值。

首先，花椒是一种茶饮，据史学家向达考证，杂花椒、姜、桂等辛料烹茶是中国饮茶古法。其次，花椒是重要的食物作料，尤其用于肉食。东汉刘熙《释名》记载了"衔炙"的做法：将姜、椒、盐、豉等作料置于细密肉的表面，裹起来用火烧烤。南北朝贾思勰《齐民要术》对此法有更详细的介绍：以极肥子鹅一头洗净，煮半熟去骨捣碎，和以苦酒、酸菜、姜、椒等作料一

并捣烂调好，裹起细琢的白鱼肉，上火烧烤。此外，贾思勰还记录了更多的花椒用法，如：衔炙法灌肠法，即烤羊灌肠；捣炙法，即烤肉棒；饼炙，煎鱼饼；范炙，烤鹅脯鸭脯；炙鱼，烤鱼；等等。随着时间的推移，花椒的用法不断花样翻新，尤以巴蜀地区为最。宋代以来，四川地区成为花椒重要产地，蜀中也以花椒下酒闻名。宋明以来的文人笔记中，造肉酱、团鱼羹、川猪头、酥骨鱼、鹌雀兔鱼酱、贡御鱼酢、海棠酢、金溪酢、清凉虾酢、红鱼、酒蟹、法蟹、琥珀瓜等，都是以花椒佐味的名食。直至今天，川菜中的麻婆豆腐、夫妻肺片、四川豆花、东坡肘子等，仍以花椒为主要调料。

古代花椒曾广泛在中国南北方食用，而另一种辛料——姜，则更为南方人钟爱。这与姜的药性有关，许慎《说文解字》称姜为"御湿之菜"。我国长江以南温暖多湿，所以人们常食姜以御寒除湿。《吕氏春秋·本味》载时任庖宰（膳食官）的伊尹向商王成汤介绍天下美味，便有"和之美者，阳朴之姜"的说法。阳朴在汉代的蜀郡，即今四川省。南朝陶弘景《名医别录》载："生姜、干（乾）姜生犍为川谷及荆州、扬州。"犍为大致包括四川南部和黔西北，荆扬二州则分别处于长江中游和下游，可见长江沿岸地区都是姜的主要产地。各地之姜，尤以蜀姜为上，这可以从三国时期的两个故事看出来。一是方士左慈为曹操展示幻术，曹操先让他取松江鲈鱼，左慈变出后，曹操又"慨无蜀姜"，令左慈变之。可见吴鲈蜀姜，并为二美。另一则故事是孙权令方士介象变化，索鲻鱼和蜀姜，鱼虽然变了，但姜仍是蜀姜。至于食用上，姜主要有三种用法：一是作为去腥的调味品，如焯鱼、鱼香肉丝等，多用老姜，取其老而弥辣之性；二是作为鲜蔬炒食，专用嫩姜，苏东坡曾盛赞"先社姜芽肥胜肉"，足见其鲜美；三是作为酱菜佐食，陆游"菰首初离水，姜芽浅渍糟"便描写了以盐水和酒腌制的子姜。

除了花椒和姜外，传统的辛料还有"檽"。晋周处《风土记》以椒、檽、姜为"三香"。檽有檽子、藙、棿、煎茱萸、食茱萸、艾子等别名，为芸香科植物，与花椒同属，不同

于"遍插茱萸少一人"中的山茱萸。樆专订做调料，食用时取其子，多用于肉酱、鱼鲊。清人顾仲《养小录》还记有用椒盐和茱萸（樆）制作醉蟹的方法，可见其食用史之悠久。

以上是中国传统的三大辛料，不过，当辣椒传入后，中国人的辛味饮食格局便与从前截然不同了。

辣椒西来

辣椒（*Capsicum annuum*）一般被认为原产于美洲，1492年哥伦布发现新大陆，将辣椒带回了欧洲。《哥伦布航海日记》中写道："还有一种红辣椒，比胡椒好，产量很大，在伊斯帕尼奥拉岛每年所产可装满50大船。他们不管吃什么都要放它，否则便吃不下去，据说它还有益于健康。"1609年成书的秘鲁史学著作《印卡王室述评》中也有这样的记载："还有一种果实，根据印第安人的口味来说是其中最重要的品种，即吃什么都要有用作作料的东西，不管是烧、煮、烤的食品都要用，甚至没有它就不进餐。印第安人叫它'乌丘'，西班牙人叫它西印度辣椒，在美洲那边按向风群岛的语言叫它'阿希'。"可见，辣椒起初是印第安人的盘中美食。

16世纪末，辣椒随着世界贸易潮流进入中国。关于辣椒进入中国的路线，大体上有陆路说和海路说两种。陆路说认为辣椒经由汉唐时期的陆上丝绸之路传来，在甘肃、陕西栽培。然而明代以来，此路闭塞，不复以前，说辣椒从陆路传来目前尚无确凿证据。海路说有一定的文献支撑，一般来说有多种传播路线，如从闽粤沿海传入，从浙江及其附近沿海地区传入，由日本到朝鲜再传至中国东北，从荷兰传至中国台湾，等等。

与传播路线相对应的，是辣椒在中国内地的种植与食用情况。辣椒的引种，有观赏作物和食用作物两条线索。辣椒最初被称作"番椒""海椒"，"番""海"表明了它的海外来历。目前所见文献中，最早出现"番椒"一词的是明代藏书家高濂所著的《草花谱》，"番椒，丛生，白花，子俨秃笔头，味辣，色红，甚可观，子种"。同样一段话还见于高濂的《遵生八笺》。高濂是杭州人，活动于明嘉靖、万历年间，他的

记载说明辣椒此时尚被当作观赏作物，没有进入食用领域。类似的还有康熙年间杭州人陈淏子的《花镜》，其中卷五有云："番椒，一名海疯藤，俗名辣茄。本高一二尺，丛生白花，秋深结子，俨如秃笔头倒垂，初绿后朱红，悬挂可观。"这说明，到了清初，辣椒还主要以观赏作物的身份出现在人们面前。辣椒进入中国以后，沿长江向西传播，首先进入湖南。康熙二十三年（1684年）刊的《宝庆府志》和《邵阳县志》出现了"海椒"的记载，"海"字说明了它从海上而来。乾隆、嘉庆年间，湖南地区很多方志里都有辣椒的记载，并把它称作辣子，可见辣椒在湖南开始变得普遍起来。更西的四川地区有辣椒记载比湖南要晚约半个世纪，嘉庆年间，四川各地的县志陆续出现了对辣椒的记载。这些记载中对辣椒的称呼基本与湖南相同，并且在时间上与清代的"湖广填四川"移民大潮重合。

如果说辣椒作为观赏植物的传播是自东向西，那么，食用辣椒的线索则更主要是自西而东，由贫而富。康熙年间，浙江《山阴县志》对"辣茄"的记载有云"可以代椒"，说明当时浙江已有人食用辣椒。前引杭州陈淏子《花镜》对辣椒的描述，后面还有这样一段话："其味最辣，人多采用。研极细，冬月取以代胡椒。"这时东部沿海地区的人们对于辣椒的使用还仅仅是一种胡椒的替代品，并不常用。嘉庆年间江西人章穆《调疾饮食辨》中，载"近数十年，群嗜一物，名辣枚，又名辣椒"，这条记载值得注意的地方有二：其一，它记载的是较之江浙欠发达的江西地区；其二，它说"群嗜一物"，这个"群"大体上可作"众庶"理解，即普通平民，而非显贵之人，说明了辣椒首先为下层百姓食用。更为明显的证据是西部诸省的方志记载，首先是最为贫穷的贵州。乾隆年间贵州的几部志书，便说辣椒"土苗用以代盐"（《贵州通志》）、"土人用以佐食"（《黔南食略》），这是下层人民大量食用辣椒的早期记载。随后是湖南、四川两大食辣中心。道光年间，湖南《永州府志》有一则重要的记载，"近乃盛行番椒，永州谓之海椒，……土人每取青者连皮生啖之，味辣甚诸椒，亦称辣子。……番椒之入中国盖未久也，由西南而东北习染传入"。这条记录，揭示出食用辣椒的传播规律：由西南向东北，并

且仍强调食用者是"土人"。四川、云南的食辣情况，也与贵州、湖南的相类似。到了民国时期，食辣还主要集中在平民阶层。作家李劼人的小说《大波》里提到四川的"盆盆肉"（夫妻肺片），说它"吃在口里，又辣，又麻，又香，又有味"，还有一个别名叫"两头望"，原因是"体面人要吃这种平民化的美味，必两头一望，不见熟人，方敢下箸"。道出了辣味食品的受众群体。

到了清末，中国已经形成了湖南、四川、云南、贵州四大食辣中心。徐珂《清稗类钞》中明确指出"滇、黔、湘、蜀人嗜辛辣品"，恰与今天的俗语"云南人不辣怕，贵州人辣不怕，湖南人不怕辣，四川人怕不辣"相吻合。具体而言，云南人爱吃"煳辣"，喜欢将辣椒用油炸煳后食用，透出香辣口感；贵州人喜欢"酸辣"，在辣中还要掺酸味；湖南人崇尚"纯辣"，无须其他辅料，讲求辣得彻底；四川人讲究"麻辣"，在辣椒中还要加入花椒，使之更为香醇。四大食辣中心，各有千秋，各具特色。

这四大食辣中心的形成背后有着深刻的自然条件因素。若将《中国年太阳总辐射量图》《年日照时数图》《一月平均气温图》等与几大食辣区域相比对，便可发现四大长江中上游食辣区恰与年低于100千卡的热量区、年1800小时以内的日照区及冬季湿润区相重合。可见，国人食辣的原动力在于辣椒的驱寒御湿功能。不过，食辣一旦形成习惯与传统，便滋生出了它的社会文化意义。

辣味文化

时至今天，中国的食辣人口与日俱增，在传统四大辛辣中心的基础上，自西向东形成了新的三大辛辣圈。包括湖南、湖北、江西、贵州、四川、重庆、陕西南部的长江中上游为重辛辣圈；东至朝鲜半岛，包括北京、山东、山西、陕甘宁大部直到青海、新疆的微辣圈；还有东南沿海的淡辣圈。辛辣圈催生出了身份上的认同。张起钧《烹调原理》中说到一个有趣的现象，说自己在家乡不敢吃辣，哪怕菜中有一点辣，便整盘不敢吃。可来到湖南后，不到半年，便和当地人一样对辣椒大快朵颐。长江中上游重辛辣圈的人，如果看到吃饭强调不放辣椒的人，一定会认为此人来自外地，甚至会产生排外心理。反之，在其他地区，如果在烧烤摊、火锅店中看到吩咐多放辣椒的客人，我们往往不由自主地认为此人来自湖南、四川等地。更有人从"多放辣椒"这句话中，他乡遇故知，在异地找到同乡，产生相互帮扶的友谊。同理，"不放辣椒"或"少放辣椒"也成了其他地区的标志。"放不放辣"的东西分别与"咸还是甜"的南北差异一同成了区域身份认同的重要指标。

在身份认同之上的，更有辛辣食物衍生出的文化意义。周作人有一篇《吃青椒》谈辣："五味中只有辣并非必要，可是我所最喜欢的却正是辣。……至于辣火，这名字多么惊人，也实在能够表示出他的德性来，火一般地烧灼你一下，不惯的人觉得这味觉已经进了痛的区域了。而且辣的花样也很繁多，容易辨得出来，不像别的那么简单，例如生姜辣得和平，青椒很凶猛，胡椒芥末往鼻子里去，青椒则冲向喉咙，而且辣得顽固，不是一会儿就过去，却尽在那里辣着，辣火的嘉名应该是他独占的。"辣椒刺激性的味道与火红色的形象被人们赋予了性格意义，说人有胆量、有魄力，豪爽、热情叫"泼辣"。《红楼梦》中的王熙凤，性格张扬，说话尖锐，做事胆大，被称为"凤辣子"。湖南人性格豪爽，巾帼不让须眉，人们就把湖南姑娘叫"辣妹子"。毛泽东和埃德加·斯诺说"不吃辣椒不革命"，将辣椒与火热的革命精神联系在一起，都是由辛辣食物衍生出的性格论。

在性格论之外，辛辣食物还滋生出了文化审美上的风格。我们把艺术品表现出的刚劲犀利之风，叫"老辣"，如宋代刘克庄评赵戣的歌行"悲愤慷慨，苦硬老辣"。言辞老练，举重若轻，更兼一针见血，便是"老辣"，钟敬文回忆鲁迅"态度从容，虽不露笑脸，却自然可亲，不像他老人家手写的文章那样老辣"。文辞尖锐，有战斗性，便叫"辛辣""火辣""热辣"，常是讽刺性文章追求的境界。回到前面知堂老人说的话，五味里辣味原非必要，可在中正平和的大环境下，若缺了这种辛辣的文化品格，不免让我们觉得有种"万马齐喑"之感。吃吃辣椒，泼辣一回，老辣一点，让平和的身心获得一些刺激，不也是生活中的趣味吗？

关于火锅的一切！

特 集

ALL ABOUT HOTPOT!　　ISSUE

18

漫谈日本寿喜烧
All About Sukiyaki

文: 刘晓希 编: 陆沉 绘: 李俊瑶
text: Liu Xiaoxi edit: Yuki illustrate: Li Junyao

寿喜锅，或叫寿喜烧，日文写作"鋤焼き"，读作sukiyaki。原意指放在烧热的锄头上烤熟食材：用锄头的金属部分代替铁板，来烤制鱼、豆腐等食物。喜庆热烈又朗朗上口的"寿喜"二字，多半出自音译。但这音译也实在妙到毫巅，一下子便恍然有了那种寒冷潮湿的冬日或阴天时，围坐在热腾腾锅物边的雀跃心情。

昔日岛国物资匮乏，对普通农人来说，铁制炊具是稀罕物。所以为了享受到烤肉的美味，劳动人民便发明了将肉片用锄头的铁片烹调的方式。听上去颇具野趣，倒是很像中国的叫花鸡这类民间美食故事。

寿喜烧恐怕是最受国人欢迎的日式火锅了。刚开始品尝寿喜烧的人，一定首先惊异于它独特的烹饪方式。国内的火锅，无论是北方的羊肉涮锅、川蜀间的红油辣锅，还是岭南的牛肉锅等，多数都属于"涮锅"，需要食客自行放置食材。

国内日料店的寿喜烧，严格来说归于"煮锅"类。锅子端上时就塞满了牛肉、豆腐、茼蒿等多样食材。等到锅子沸腾，料都已熟得差不多，老饕们可以开动了。

除"涮锅"与"煮锅"的区别外，国人青睐寿喜烧，更因为它是"甜的火锅"。其鲜甜浓郁的味道，如果要用中餐来类比，有点像重糖的无锡红烧肉与古早的闽南风味料理。中式火锅从不用大量砂糖调味，而寿喜烧锅底甜咸皆有的微妙口感，却是糖、酱油和味醂调配而成的。高汤还须加上鲣鱼、昆布熬煮。因此，寿喜烧汤底混合着肉汁的鲜香、砂糖的甜美、酱油的浓厚与味醂的芬芳，也无怪乎这甜津津的味道能够老少咸宜、风行全球。

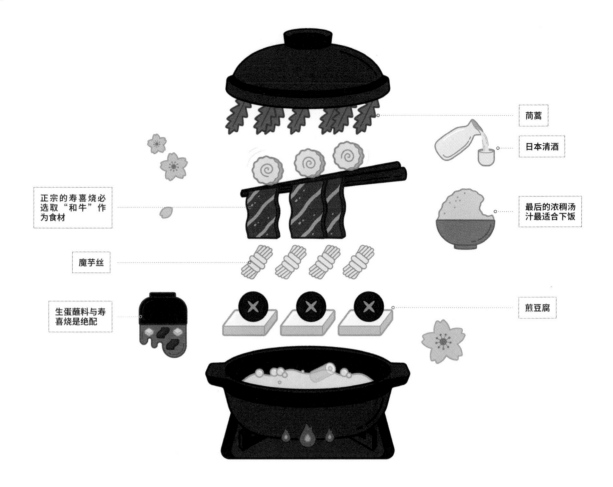

茼蒿

日本清酒

正宗的寿喜烧必选取"和牛"作为食材

最后的浓稠汤汁最适合下饭

魔芋丝

生蛋蘸料与寿喜烧是绝配

煎豆腐

1960年风靡日本的金曲"上を向いて歩こう"（中文译作《昂首向前走》）在海外推出时，发行方觉得日文名称很难让人记住，就改成了寿喜烧同音的"sukiyaki"，果然畅销美国。这首歌后来被翻译成各种语言，并被许多国家的乐队和歌手翻唱过，也算是寿喜烧文化流行于世界的一则趣话了。

正宗寿喜烧所采用的牛肉，当然要和牛才行。和牛是日本享誉世界的顶级牛肉品种，人们还给鲜红肉质间的白色油花特意起了个美丽的名字："霜降"。关于和牛的学问足够专文另述，就日常生活中用得到的知识点而言，首先，和牛越肥越好。顶级的和牛，切成薄片后油花好似细雪，密集地点缀在瘦肉间；红白分明的肉片虽然望之令人食指大动，在和牛面前反倒落了下乘。因此，有人赴日品

尝顶级和牛，却因为太过肥腻，直呼无法消受。和牛品级以A1—A5区分，A5最高。顶级和牛物美价不廉，正常情况下，A5品级的神户牛肉1公斤报价人民币1500元左右。国内日料店提供的多半是澳洲和牛，虽然并非日本本土出产，但性价比更高。

尽管寿喜烧现在已经成为烹饪好牛肉的经典方式，可是回顾历史便会发现，在早年间，寿喜烧中什么都有，就是没有牛肉。这是因为当时的日本社会根本没有吃牛肉的习惯。首先，牛是农耕时代重要的劳动工具，寻常时当然不会大规模宰杀；其次，也是更重要的原因，当时日本全国上下都深受神道教、佛教信仰影响，天皇下令禁吃兽肉。因此，那时的寿喜烧有个别名叫"鸡素烧"，顾名思义，这是一种鸡肉与多种素菜一起煮的食物。这一风气甚至到了明治维新前都无改变。德川幕府时，

武士与富人们嫌恶牛肉有腥臊气味，认为它只配做穷人的口粮。

直到美国将军佩里的黑船叩开日本国门时，这一历史传统终于发生了改变。从那之后，锐意维新的明治天皇深感国之积弱，决心全力效法西洋，提升日本国民体质。当时的文化领袖福泽谕吉甚至还应畜牧公司的邀请写过一篇《肉食之说》，号召全民摄取肉类、乳类。上行下效，蔚然风行。于是，在19世纪末的日本，"吃牛肉"摇身一变，从不登大雅之堂的穷酸之举，变成"文明开化"的象征，牛肉火锅店也遍地开花。一则统计显示，明治十年（1877年），仅东京就有488家牛肉火锅店。

在平民食用牛肉开始蔚然成风时，关西和关东地区民间分别兴起了"寿喜烧"和"牛锅"两种以牛肉为主的菜品。那时的关西"寿喜烧"类似铁板烧，而关东"牛锅"就是容易理解的牛肉火锅了。但在大正十二年（1923年）关东大地震后，关东的很多牛锅店都被破坏，无法继续经营下去。这时，关西的寿喜烧店进入关东，慢慢与关东的牛锅融合，形成了关东风寿喜烧，也就是我们大家所喜欢的汤锅寿喜烧。

必须说明的是，虽然关东风寿喜烧在中国日料店、西方日料店中都是主流，但这并非寿喜烧的全部。在日本本土，比起扬名海外的"关东派"，还是"关西派"稍占胜场。比起将全部食材统统丢进锅子炖煮的关东风寿喜烧，关西风寿喜烧仍然承袭大正时代以降的传统，讲究在烤盘上把牛肉烹熟。

关西风寿喜烧操作相对繁复。首先，从器具上来说，它需要专门的寿喜烧铁锅来烹制。这种铁锅扁扁平平，样子近似于烤盘，如日本童话中狐狸宴请长嘴白鹭用餐的器具那样，盛不了多少汤水。随后，主厨将一块牛油在烤盘上擦抹，也有店家为了增添特别的风味，将牛油换成黄油。待锅子热了，会在锅底再铺上一层白糖、酱油，将牛肉、其他食材倒进其中煎烤。肉吃完了以后，再用油和肉汁炖煮蔬菜食用。

由此可见，日本关东关西的饮食差异，似乎比国内南北方的口味偏差还明显。如果一个家庭里，妻子和丈夫分别来自关东或关西，可能会常常因为寿喜烧具体制法的差异争吵起来。不过吃法上，他们应当还是可以暂时言和的——无论关东还是关西风味的寿喜烧，牛肉都要蘸生蛋食用才好。

吃寿喜烧为什么要配生蛋？有资深美食家曾给出过三条解释。第一，生蛋本身味道极淡，不会冲淡食材滋味，喧宾夺主。第二，爽滑的蛋液包裹住食材中的汤汁，恰好锁住了味道。第三，只要试过生蛋蘸料的食客都必有体会，生蛋微凉的温度恰好可以为刚从锅中夹出的滚烫食材降温，令其尽快凉下来。

早在日本江户时期，人们食用一种叫作"军鸡锅"的锅料理时，就已经发明了用生鸡蛋液佐餐牛肉的法门。也有说法是大部分的日本人舌头很不耐烫，所以他们喜欢吃冷食，也格外注意在吃热食时为食材降温。又或者是因为习惯吃冷食，所以人们舌头不耐烫了，互为因果也未可知。

而除了关东和关西，日本其他地区也有自己的寿喜烧吃法。比如冲绳地区，因为历史和气候导致没有锅料理。对他们来说，当地的寿喜烧更像是某种蔬菜炒肉。

加入寿喜烧的食材，每家餐厅可能都有独到的选择。但有这样几种食材，可算得上寿喜烧的"标配"。首先，肉类必然是寿喜烧的主角。现在寿喜烧中牛肉占大多数，但其实根据地域不同，还有使用猪肉、鸡肉和鱼肉等肉类制作寿喜烧的。至于配菜，大葱、白菜、茼蒿、煎豆腐、魔芋丝和香菇都是寿喜锅中常见的食材，也有地区喜欢在寿喜锅中加入豆芽、土豆等，所以你若想在家里尝试烹制一道寿喜烧，也完全可以因地取材。

寿喜烧越煮越浓，等到菜享用得差不多了，可添一碗米饭，用最后的浓汁下饭。也可以在最后加入乌冬面、生面、年糕等，切切实实地填饱肚子。关于寿喜烧最后吃什么，日本人甚至还真的发起过大型投票活动。全日本14000多人参与了那次网络投票，其中65%的人都选择了乌冬面，接下来依次是盖饭、泡饭、年糕和其他。看来，寿喜烧最后吃乌冬面，还是个不错的选择。

19

从草根到枝头：
部队火锅的逆袭

From Humble to Popular:
A Reversal Story of Budae Jigae

文：德根　编：陆沉　绘：李俊瑶
text: degen　edit: Yuki　illustrate: Li Junyao

一部分国人对韩国食物的初步了解，很大限度上是通过韩国电视剧获得的。近年来，韩国通过文化产业的输出，影响了一大批韩流粉丝的饮食习惯。在韩剧的影响下，很多年轻人也有了过生日要喝海带汤，初雪来临的那天必点炸鸡配啤酒，吃泡面的时候必须得用锅盖接着的习惯。

2016年，韩剧《太阳的后裔》播出，爱奇艺首轮播放量突破28亿，百度搜索风云榜连续八周位列第一。与这部以韩国特种部队为背景的电视剧备受追捧的现象相应而生的，是部队火锅在中国的兴起。对关键词"部队火锅"被检索的次数进行回顾，可以发现，谷歌与百度指数的折线均在2016年至2017年间呈现明显的上升趋势，这正是韩剧《太阳的后裔》热播的时期。与此同时，主打"部队火锅"的韩国餐厅也如同雨后春笋般在中国涌现，部队火锅自此逐渐成为被中国民众所熟知与喜爱的料理。

然而，虽然部队火锅在中国大陆因《太阳的后裔》逐渐走红，其本身与这部韩剧并没有太直接的关系。寻根溯源，还要从朝鲜半岛南北分裂说起。部队火锅最早起源于朝鲜战争时期的京畿道议政府美军基地周边地区，得名于利用美军部队淘汰食物为主料制作而成的火锅，里面包括午餐肉、火腿肠、辣白菜泡菜、年糕、鱼饼、辣椒酱等。其中，午餐肉被韩国人称作部队火锅的灵魂，是这口炖锅里不可或缺的绝对主角。

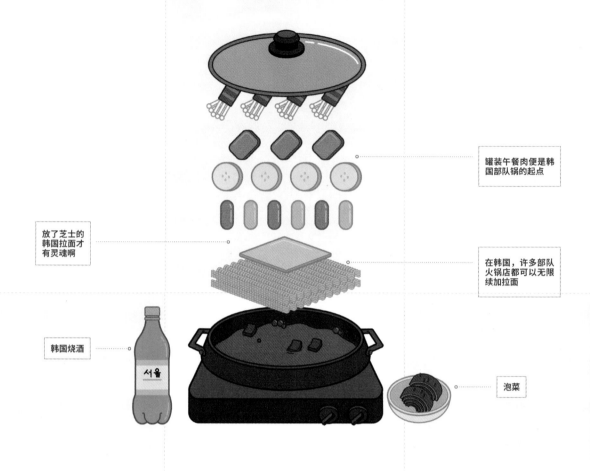

罐装午餐肉便是韩国部队锅的起点

放了芝士的韩国拉面才有灵魂啊

在韩国，许多部队火锅店都可以无限续加拉面

韩国烧酒

서울

泡菜

韩语中午餐肉一词（햄）来源于火腿的英语单词ham，然而实际上午餐肉的成分中并不含任何腿肉。最早的午餐肉由美国荷美尔食品公司(Hormel Foods)开创，并以斯帕姆（SPAM）作为品牌进行销售，他们将廉价的猪肩肉剁碎后，加水和各种调料打成浆，然后灌进铁皮罐头里高温蒸熟。二战时期，荷美尔公司向美军提供了数十亿罐斯帕姆午餐肉作为军需配给。为了节省成本，荷美尔在提高淀粉含量的同时，也大大降低了肉含量，斯帕姆午餐肉的口感因此可想而知，再加上战时食材原本就单调，美国大兵们对此怨声载道，声称斯帕姆午餐肉应该像法西斯一样被消灭。

到了朝鲜战争时期，驻韩美军物资充足，斯帕姆午餐肉自然变成了美国大兵看不上眼的可食用垃圾，大量的午餐肉罐头被处理、倒卖，甚至被直接扔掉。而在同一时间、同一地点，韩国的底层人民生活却是另一番光景，原本朝鲜半岛物产就不甚丰富，普通韩国人民在经历了朝鲜战争后更是遭受着流离失所、食不果腹之苦，为了填饱肚子，他们只能四处搜罗食物。此时，这些被美国大兵弃置的午餐肉，不但能提

供大量的能量，还能使人一解馋肉之苦，简直堪称珍馐佳肴。美军基地周边也因此成了众人眼中的藏宝之地，饥肠辘辘的韩国底层人民蹲守在基地周边的垃圾桶旁翻找食物，一旦找到剩余的午餐肉罐头以及其他军需余粮，便是天大的喜事。

韩国作家安正孝在其长篇小说作品《白色徽章》中也描写过这样的场面：熙俊四下张望，说道："如果今晚能在附近找到肉吃就好了。你还记得我上次捡到的罐头吗？我叔叔说那是斯帕姆午餐肉。我妈妈把它放进锅里煮，和其他能吃的东西混在一起，做成一锅汤。虽然看起来像猪吃的东西一样，味道却十分可口。"

这种"猪食"一样的大杂烩，在当时被称为"联合国汤"，也是如今脍炙人口的部队火锅的前身。部队火锅并没有特定的材料组合，各类蔬菜、主食、调料都可以加入其中，韩国人民用捡回来的美军厨余跟韩国的灵魂食物——辣白菜泡菜一起煮进锅里，再加上韩式辣酱，使得这些原本为人嫌弃的罐头，在不断创新和改良之中，逐渐形成了火锅的吃法。这种原料便宜且操作简单的料理，也很快就在民间推广开来，

成了在特殊时期时颇受底层人民欢迎的食物。

本质上，部队火锅仅仅是贫穷年代用于果腹的吃食，利用四处搜刮得来的剩食随意混合炖煮而成，在材料和做法上均没有过多限制，更不要提营养价值、荤素搭配之类更高级的讲究了。按照如今健康饮食的标准来看，不免有种垃圾食品一锅炖的感觉。因此，部队火锅某种程度上被当作是一种上不了台面的穷人食物，甚至代表着一种低劣的生活品质。朝鲜战争结束后，韩国人民的生活水平随着社会发展而逐渐提高，对一日三餐也有了更多重视，部队火锅这种营养价值不高，又不甚精致的食物，似乎避免不了逐渐从普通家庭的日常餐桌上被淘汰的命运。

出人意料的是，如今的部队火锅，不但没有因其低微的过往而遭到抛弃，还摇身一变成了街头巷尾常见的热门料理，甚至走出国门，成了风靡东亚及东南亚国家的"韩流"美食。而部队火锅的主料，一度被美军当作垃圾丢弃的午餐肉，更是成了韩国人在中秋等传统节日的送礼佳品，被包装成精致的礼盒，摆在高档百货的货架上出售。这一切都与韩国人所擅长的文化包装有着密不可分的联系。

20世纪90年代，韩国实行"身土不二"（신토불이）的国家健康饮食政策，声称"在出生长大的地方产出的东西最适合自己的体质，所以一切消费品都要坚持采用国货"，以此鼓励韩国本土餐饮文化发展，从而推动民族产业的复兴。在这种爱国消费主义的作用下，部队火锅重获新生，并由于其独特的历史文化背景，被赋予了"感受老一辈在战争年代吃苦挨饿的生活"的意义，成了韩国典型的"古早味"美食。崇尚复古情怀的年轻人蜂拥而至，围坐一桌回叹旧时滋味，颇有种吃"忆苦思甜饭"的味道。

在各种韩国影视剧中，部队火锅也是常见的餐桌主角。韩国tvN电视台的迷你连续剧《一起吃饭吧》就利用半集对部队火锅的色、香、味等进行了全方位的刻画：把白色的年糕、橙色的泡菜、粉色的午餐肉和香肠、黄色的方便面和绿色的葱花一起放入红彤彤的辣汤里煮沸，等到袅袅升起的热气逐渐没过汤锅里不断跳跃的气泡，再舀上一勺汤汁淋在紫色的糙米饭上，此时有一特别的用餐技巧需要提醒："部队火锅，比起盛到餐盘里，盛到饭碗里更好吃，因为被汤汁渗透的米饭才是最上品。"接着，用勺子挖出一勺被红汤充分浸润的米饭，夹上一块午餐肉一并放入口中，大口咀嚼咽下后，再夹一筷子煮软的方便面，接二连三的热辣冲击，使得舌尖上的味蕾被不断刺激，

浑身毛孔也渐渐张开，一顿吃下来，可谓一场大汗淋漓的销魂体验。

在不断地改良后，作为经典韩食，如今的部队火锅也变得愈发丰盛起来。有些店家会往里面加入牛肉末、吞拿鱼等食材，乌冬面也经常由于其软弹的口感而与方便面一起加入其中。由于火锅料理本身对各种食材的完美兼容特性，它们不但不会显得多余，反而令味道的层次更加丰富了。而当部队火锅传至海外，也会融合当地的特色，成为更为本土化的料理。比如在香港的韩国料理店里，部队火锅的材料搭配则更加精致，除了午餐肉、香肠、泡菜等基本配料，还加了芝士、卷心菜等，甚至还有人把白饭倒入吃剩的汤中，煮出一锅口感鲜美的粥来。

若要寻找韩国最原始的部队火锅老店，不妨前往首尔市内的梨泰院一带，此处为在韩美军的驻扎之地，至今仍有数万名美国大兵居住于此，在此寻访部队火锅的起源再合适不过。另外，传闻最初其他地区的部队火锅里是不添加香肠的，如今将香肠切片加入一锅炖煮的常见做法也是由梨泰院一带发明的。梨泰院最有历史的部队锅料理，则是隐匿于一条小巷之中的"大海食堂"（바다식당），据说这家餐厅为了显示自己料理的与众不同，特地借用美国总统约翰逊之名，不叫"部队火锅"，只称JOHNSON锅（존슨탕）。

实际上，想感受地道的部队火锅，并不必大费周章，只需走入韩国的街头巷尾，特别是大学周边的热门街区，便能在种种食肆中轻易找到专营部队火锅的店家。这类店家通常装修普通，门头上悬挂的招牌仅写"部队火锅"（부대찌개）四个大字，进店落座，无须花心思点菜，店家便会主动端上人头数分量的汤锅，里面盛着排列整齐的各色食材，而后加汤，开火，只需等候片刻，待红汤沸腾，便可大快朵颐。整个过程简单质朴、干脆利落。作为起源于民间的食物，终究是要回归人间烟火，才显得最为诱人。

韩食财团事务总长金洪禹曾经提道："如果要用一个词来形容韩国人对食物的态度的话，我认为是等待。因为韩国特定的气候条件，冬天尤其漫长，正是这个耐心等待，等待食物发酵的过程，体现了韩国人一贯以来保持的对美食的美德。"回看部队火锅，从食不果腹的战争年代诞生，在文化产业蓬勃发展的时代得到追捧，从贫民阶层的低劣餐食变为大众喜爱的热门料理，这样的等待与收获，称得上十分符合韩食的气质了。

20

冰天雪地里的温暖：
瑞士奶酪锅
Warmth in the Ice and Snow: Swiss Fondue

文： 布鲁 **编：** 歌林 **绘：** 李俊瑶
text: Blue **edit:** Green **illustrate:** Li Junyao

20世纪80年代，奶酪锅曾有句广告语："La fondue crée la bonne humeur"，翻译过来的意思是"奶酪锅会给你好心情"。首席厨师詹森·米勒(Jason Miller)认为火锅从来没有真正从文化景观中消失过。火锅终究是长情的食物：火锅对食材长情，人对火锅长情。无论何种类型的火锅，在供人饱腹之余，重要的是它所带来的满足感。

在年平均气温为8.6℃的北欧国家瑞士，火锅也有它的地域性格。据传，马可·波罗从中国返回意大利途中，曾在阿尔卑斯山迷路，又冷又饿的他被一位农夫救回家。恢复后的马可·波罗对在中国见过的热气腾腾的火锅念念不忘，向农夫描述了记忆中的火锅。但农夫家里只有白酒、奶酪和几片面包，马可·波罗就用这些材料发明了至今仍是瑞士人必吃美食的奶酪锅。也许这只是个据传而来的逗趣故事，奶酪锅的发源到今天仍然有几种不确切的说法。但可以肯定的是，奶酪锅的发明是源于冬天人们在食物供给不足的情况大胆发挥出来的想象力。

公元前800年至公元前725年，《荷马史诗》其中一部《伊利亚特》中描述了一种山羊乳干酪、酒和面粉的混合物，这应该算是奶酪和酒混合有史可考的最早记录。17世纪晚期，一份瑞士食谱里提到可以将奶酪和酒一同煮化。寻访人类是在几时发现干硬的面包或是煮熟的土豆可以蘸取融化的奶酪一同食用，大概是种徒劳无功的尝试，但多种说法中，比较有信服力的一种是现代奶酪锅雏形起源于18世纪的阿尔卑斯山区。因为冬季经常大雪封山，村里的人们几乎无法得到新鲜的食物供给，只有旺季留存下来的面包和奶酪。而面包和奶酪又因为时间的发酵变得干硬和陈腐，难以咀嚼。饥饿激发了人们的想象力。村民们发现如果他们把酒混同奶酪一起加热，干瘪的面包在融化的奶酪里就立刻变得柔软可口，再混合上加热后的奶酪的香气，放进嘴巴里口腔立即充斥着温暖和甜蜜。此后，这种围坐在炉火旁烹煮的食物就成了瑞士冬季的传统佳肴。

从这些起源故事来看，奶酪锅带着有着乡村血统，但它同样深受达官贵人们的喜爱，成为这个国家的流行美食。奶酪锅的流行要归功于瑞士奶酪工会。1930年，工会将奶酪锅定为瑞士国菜，作为瑞士统一和民族身份的象征。数十年来，工会一直致力于生产硬牛乳干酪——埃曼塔拉奶酪（Emmental），增加了瑞士奶酪的销量。二战时期，奶酪锅甚至进入了瑞士军队的食堂。但在有着世界最大的奶酪市场的美国，奶酪锅却鲜为人知。直到1964年，在纽约世界博览会上，瑞士馆的阿尔卑斯餐厅才把奶酪锅首次带到美国。

如果你想像当地人一样品尝地道的奶酪锅，那么拉布维特餐厅（La Buvette des Bains）一定是个不错的选择。这个号称是日内瓦最好的奶酪锅餐厅就在日内瓦湖边，附近一带的公共沙滩和浴室的历史可以追溯到1930年。每年的9月至来年4月，女性更衣室都会变成有棚顶的餐厅，里边摆上一排排公共桌椅，长凳两边就是湖水。沿着码头走到餐厅，奶酪的浓郁香气，还有燃烧着的木头的气味都扑鼻而来，你可以在外边的柜台点一份奶酪锅、一盘泡菜、一盘珍珠洋葱和一盘风干肉，最好再点上一杯白葡萄酒或是热茶，这就是常规的奶酪锅的配搭了。切好的面包安静地躺在盘子里，搭配上当地特色的气泡白葡萄酒和蒜料，风味绝佳。当顾客吃到锅底金黄琥珀色的奶酪皮时，

对瑞士人来说，最美味的奶酪锅往往在自己家里。

服务员也很乐意把它切下来再呈上。在狭窄的长凳上，你会和你的邻座紧挨在一起，可以随时分享锅中的美食。

在日内瓦古镇陡峭的山丘上，坐落着另一家当地人最喜欢的餐厅，名叫拉姆斯（Les Armures）。这家木质乡村餐厅藏在一栋16世纪的建筑里，楼上是一家高级酒店。这里的奶酪锅虽然食材朴素，却是出乎意料地美味，广受好评。最适宜到店的季节应该是在凉爽的秋季。在餐厅的露台上享用完温热的奶酪锅后，可以沿着这座历史悠久的古镇的城墙漫步，感受时间的痕迹。

虽然日内瓦市是品尝奶酪锅的不赖选择，但最好的食物一般都不在市中心。对美食有追求的人，不妨走向城外去寻味。从火车站出发，乘上一辆向东北方向行驶的列车，在行驶了130公里后，就会置身于莫里森大山中的风景如画的村庄里。几个世纪以来，瑞士最好的奶酪就发源于此。石头喷泉、鹅卵石街道、天竺葵衬托的百叶窗，这个村庄宛若童话里的场景，而美味的手工奶酪就在这里诞生。当地的广场上，经常可见乳酪和奶酪制作者，将格鲁耶尔奶酪（Gruyère）和其他知名品类的奶酪放进热气腾腾的大锅里。

尽管有不少餐厅提供滋味诱人的奶酪锅，但如果问起瑞士人哪里能吃到最好的奶酪锅，他们的回答多半是一致的：在家。瑞士人喜欢自己在家里准备奶酪锅，几乎每家都有制作奶酪锅必备的陶瓷锅，通常漆成红色，上面印上白十字架，以向瑞士国旗致敬。除了一口可靠的锅以外，瑞士奶酪火锅的主要食材还有切片的蒜、奶酪、酒、面包，以及其他的调味品和蔬菜等。在这些食材中，奶酪的选择分外重要。

奶酪锅的锅底主要有格鲁耶尔奶酪（Gruyère）、埃曼塔尔奶酪（Emmental）、拉克雷特奶酪（Raclette）。埃曼塔尔奶酪是阿尔卑斯山地区出产的奶酪，一块奶酪需要1200升奶制作，是体积最大的奶酪。埃曼塔尔奶酪上分布着大大小小的孔，就像《猫和老鼠》动画片里那只老鼠杰瑞（Jerry）的最爱。据说罗马人很喜欢吃格鲁耶尔奶酪。早在1602年，它就有了自己的名字。为了制作它，罗马人把干草喂养

的奶牛的奶倒进铜锅中加热，直到开始凝结。一旦在大锅顶部形成了坚实的一层，就会有凝乳。人们将凝乳从乳清中分离出来，然后把它压成一个模子，在一个高湿的乳胶里陈放。在整个陈化过程中，外层的硬皮会被清洗和腌制，这个过程可以持续6个月到3年。陈得越久，口感就越醇，带着浓郁的榛子和黄油焦糖的味道。

格鲁耶尔奶酪的周身也有孔，带有独特的蜂蜜和花香。除了这三种奶酪，最受瑞士人欢迎的应该是组合奶酪，被称为"一半一半"（moitiè-moitiè）。不同的地域有不同的搭配选择。在瑞士东部，人们喜欢将格鲁耶尔奶酪和风味别致的阿彭策尔（Appenzeller）奶酪混合。在瓦莱州，人们可能更倾向选择格鲁耶尔奶酪和拉克雷特奶酪的混合。而在首都伯尔尼，埃曼塔尔奶酪则是最为常见的。对非奶酪爱好者来说，不同奶酪组合的奶酪锅可能没有差别，但对真正的爱好者来说，它们的口感和层次都是不同的。

为了让奶酪锅具有更特别的风味，有几种配料是必需品。第一个就是大蒜。去皮的大蒜在锅底涂抹一周，不必入锅，就能产生足够的蒜香味。接下来是酒，奶酪锅的另一个重要成分。为什么需要酒？因为含有果酸的酒能够帮助分离酪蛋白束，释放它们的组成蛋白，这些蛋白质通过包覆脂肪液滴来稳定乳胶液。简单来说，酒越酸，乳酪汁就越浓稠。这也是为什么奶酪锅的酒最好选择高酸度的白葡萄酒的原因。当然，如果有不含酒精的需求，调料也可以换成苹果汁。无论加入了什么，这个时候还需要一汤匙淀粉混合。完成这一切之后，就可以加入磨碎的奶酪入锅煮了。这一步需要不停搅拌直到奶酪融化。待到奶酪融化后，人们会将锅转放到小炉子上，边加热边吃。在吃的过程中还需要不停地搅拌，以防食物凝结。

传统的奶酪锅配菜一般是面包、煮土豆、玉米片和水果，当然这份清单会随个人口味而变化。用餐者将小块切好的面包插在一柄长叉子上，深入起泡的奶酪锅底部，旋转蘸取，再送入口中。面包不能长时间浸泡在锅里，否则会融化。当面包进入口腔，浓郁、亲密和温暖都在这

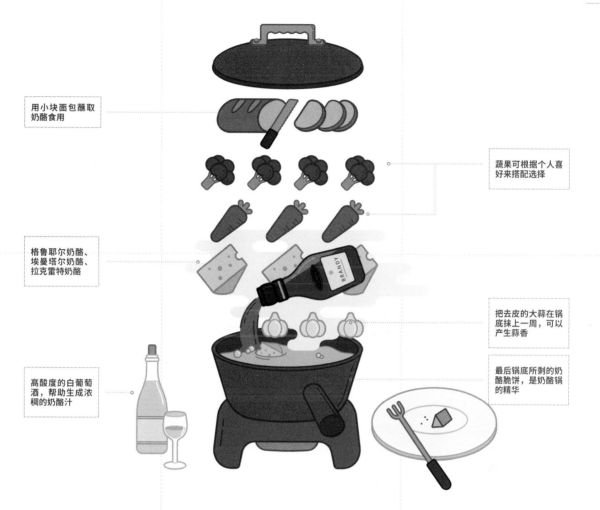

用小块面包蘸取奶酪食用

蔬果可根据个人喜好来搭配选择

格鲁耶尔奶酪、埃曼塔尔奶酪、拉克雷特奶酪

把去皮的大蒜在锅底抹上一周，可以产生蒜香

高酸度的白葡萄酒，帮助生成浓稠的奶酪汁

最后锅底所剩的奶酪脆饼，是奶酪锅的精华

个时候实现了。在食用面包的过程中，当地有很多有趣的习俗和讲究。如果面包在奶酪锅里从你的叉子上掉出去，那么你就要受到惩罚，比如买瓶酒、亲吻身边的某个人或者是洗盘子，可以提出任何整蛊创意。还有种讲究，就是不能重复蘸取面包，也要避免在别人的叉子还在锅中时蘸取。

一顿奶酪锅最美味的地方就是最后剩下的奶酪底。随着持续加热，底部的奶酪底变得焦黄，当厚厚的奶酪凝固在脆饼状的壳里，人们就可以把它从锅底刮出，和同桌的伙伴们一起分享这种被称为精华的美味。

因为奶酪锅不容易被消化，所以大多数人都会在饭后喝一杯白葡萄酒来帮助消化。非酒精的饮料则常是热茶。很多瑞士人认为吃奶酪锅时，一定要避免喝冷饮，否则会加重胃部负担，导致胃部凝结，引起消

化不良。但在2010年的一份研究表明，这种风险并不存在，所以这个问题尚存争议。如今吃热锅时，无论是喝白葡萄酒、啤酒、冷饮、果汁还是热茶，都是常见的选择。

世界上有那么多国家，每个国家有那么多菜肴，很少像火锅这样可以带给人亲密和温暖的食物。想象一下，在被雪覆盖的村庄里，裹着毛毯和三五好友围坐一起，从热气腾腾、咕噜冒泡的锅里蘸取着浓郁的奶酪，幸福的奥义就在于此了。食物从唇齿间进入肠胃，也打动了全身的血液和能量，时间和空间就凝结在一口美味的锅食中。

21

现代火锅新形态
New Hotpots in Modern Life

文: 谢阳 编: 陆沉 图: 黄梦真
text: Young Tse edit: Yuki photo: Huang Mengzhen

火锅由来已久，喜爱的人不少，讨厌的人也有，例如袁枚。论及不喜欢火锅的原因，袁枚提了这么几点。一者，火锅在面前水汽蒸腾，烘得人面红耳赤。在"静里工夫见性灵"的袁枚眼中，喧闹的火锅显然是令人不悦的。其次，当时火锅均为明火，火焰大小不如炉灶好控制，料理食物火候难以把握。另外，《变换须知》和《戒同锅熟》中亦载明"一物有一物之味，不可混而同之"与"须多设锅、灶、盂、钵之类"；而一口火锅中往往投入多种食材，反复沸腾之后混杂一通，袁枚不喜欢也是情理之中。

火锅的内容日渐丰富，新麻烦亦随之而来。从单锅到鸳鸯锅再到四宫格，格数虽越来越多，可仍然无法满足各人的不同口味偏好。针对这些问题，近些年来餐饮业也做出了一些创新和尝试。1999年6月，第一家呷哺呷哺火锅店在北京西单开张；2002年12月，重庆小天鹅回转火锅经营有限公司正式登记；2010年6月，"Hi捞送"成立，海底捞试水火锅外卖业务；2016年方便火锅火热上市，并于次年在成都方便自热食品产业大会上独占鳌头。

小火锅与回转火锅

小火锅来自宝岛台湾。与传统的火锅相比，小火锅并没有采用多人一锅的做法，而是改为一人一锅。由于不再需要围锅入席，因此就座方式也有了更多变化。既可以依照旧法围桌用餐，亦可以沿着吧台一字排开。

多人一锅到一人一锅带来的还有互不干扰。每个人拥有一个独立的小锅，意味着每个人可以根据自己的喜好选择合适口味的锅底，可以按自己的想法进行烹调。而小火锅之"小"，更使得"一人食"难度大大降低，火锅的形式也由此产生了更多的可能性。

小火锅的时兴，使得"吧台火锅"的概念深入人心。在小火锅之前，有种餐饮方式也同样是有吧台的，那就是回转寿司。既然打火锅和吃寿司一样均可以依托吧台进行，那么，为什么不试试像回转寿司一样在吧台前铺设传送带，依样画葫芦地做个"回转火锅"呢？于是，回转火锅就这样登上了历史舞台。回转火锅的食物通过传送带，依次在顾客面前扬才露己，让顾客在做出选择之前已经有了大致的了解，在很大限度上避免了浪费。

火锅外卖与方便火锅

往常吃火锅有两种途径：一种是自备食材在家自煮，另一种则是前往火锅店食用。伴随着"互联网+"大潮的兴起，与前两者截然不同的

1 侯冲·从几家增长到50家 方便火锅川企仅用了一年 [N]·人民日报，2018—3—28（010）．

方便火锅：

1 一盒自热火锅中，一般会包括底料、粉丝或粉条、肉包、蔬菜包、加热包、筷子、调料。

2 自热火锅的发明利用了简单的化学原理。加热包中含铁粉、铝粉、生石灰等材料。铁粉与铝粉氧化会释放大量热量，生石灰加水也会释放出大量热量。

3、4 费尔南德斯·阿莫斯图在《食物的历史》中称，只有在高度城市化的社会中，半成品食物才会受到广泛欢迎。作为新兴速食产品的自热火锅，不仅迎合了人们提高效率的要求，也暗含着当今社会"一人食"的流行趋势。

第三种途径——火锅外卖登场了。

火锅外卖打破了原有的定式，顾客只需打开App或者上网预订，片刻之后即有专人携带锅炉碗筷和荤素食材上门服务。打火锅既无须自备食材，又不用前往火锅店，轻轻松松即可享受美食。

对顾客来说，纵然该服务需要支付额外的费用，却不用再去嘈杂的门店外等位了。不过，对火锅店来说，提供火锅外卖服务意味着更高的成本，即便不考虑烦琐的用具提供与回收过程，同一时间段内一个服务员仅为一桌顾客提供服务，人工成本变相增加了。火锅外卖的配送范围实际上也相当有限。由于外送费的缘故，叫外卖的顾客仍主要集中在门店或配送中心附近，外卖市场某种程度上取决于实体店分布。

由于运营成本过于高昂，市场推广也不算方便，不少品牌相继退出火锅外卖市场，仅剩的火锅外卖品牌亦不断缩短战线，完全放弃日趋成熟的外卖市场又未免过于可惜，所以如何降低成本便成了亟须解决的问题。

随着军工技术的民用化，野战自热食品技术也走进了大众的视野之中。以生石灰、铁粉、铝粉、硅藻土等填充的自热包，仅需倒入冷水，便会产生化学反应，稳定地放出大量热量加热食物。这种自热包成本低于火锅外卖的锅炉，而自热过程操作简单，无须服务员全程伴随，不会增加人工成本。于是各大品牌都开始开辟第二战场，推出自己的方便火锅。鉴于方便火锅行业准入门槛较低，各餐饮和食品公司纷纷加入战局，就连一些看似与火锅没有什么联系的食物品牌也开始在网店卖起了自己的方便火锅。

相较于之前的其他火锅形式，方便火锅不受火锅门店或配送范围的限制，凭借我国发达的物流体系，消费者通过网购等形式购买之后，可在国内大部分地区收货。因其食材经过了巴氏消毒、高温消毒或辐射照射等预处理，购买之后即使没有立即食用也不影响口感，储存时间也大为延长。

比起其他方便食品，方便火锅价格较高，但随时随地皆可火锅的优势，仍旧使得方便火锅蓬勃发展起来。与它的前辈火锅外卖相比，从默默无闻到四海皆知，方便火锅仅用了一年时间。虽然有人质疑方

火锅外卖：

1 如今众多火锅店都提供火锅外卖服务。配送货品除了有分装好的肉、菜等食材，还会包括汤底、调料、餐具，乃至锅具和炉具。

2 如果点选鸳鸯锅底，店家会将相应需要的高汤、调味料、辅料分装打包好。

3 火锅外卖不仅能选择一人小火锅，也可以选择多人鸳鸯锅，锅具可在食用完毕后请商家回收。

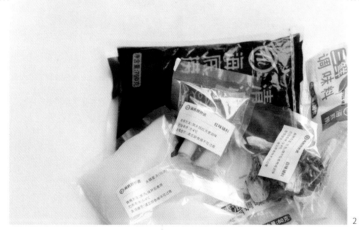

2 ｜ 3

便火锅可能是"虚火"[2]，然而数据显示，在2017年"双11"购物节中，海底捞线上销售521716单，小龙坎天猫旗舰店销售额突破1655万元。即便是"虚火"，也足以由虚化实了。

新式火锅

随着科学技术的发展，袁枚所不喜的问题已迎刃而解。电磁炉的广泛运用使得火锅再也不会陷入火候不可控的窘况之中，易于准备的锅底又使食材不必因"多滚"而"变味"。种种有别于传统火锅的新式火锅出现，让剩下的其他问题有了应对的思路。小火锅在解决众口难调的窘况之余亦实现了"一物各献一性，一碗各成一味"；

回转火锅在此基础上进一步降低了选错食物的概率；火锅外卖避免了准备食材的烦琐和排队等候的烦躁；方便火锅则通过简化加热过程让火锅不再"对客喧腾"。

但是这些新式火锅也并不是十全十美的。以方便火锅为例，其在带来便利之余，也带来了一些新的问题。2017年年初刚上市之时，方便火锅曾爆出火锅加热时炸裂玻璃的新闻，即便后来者的包装和自热包都进行了不断改良，此新闻仍让人心有余悸。除了安全性之外，方便火锅口味也需要继续改进。"方便"这一称谓确实往往难以和"好吃"这一特征挂钩，纵使各个厂商使出了浑身解数，目前方便火锅还是远远比不上新鲜现煮的食物来得那么诱人。用本文开头的袁枚《随园食单·戒单》中的话来说："今一例以火逼之，其味尚可问哉！"

幸好火锅仍在不断推陈出新，等以后再回头看，可能现在的这些问题也不成问题了吧。

2 刘畅·方便"火"锅：真火 or 虚火 [N]·新金融观察，2017—11—27（017）.

送
ry

Abroad
Chinese Hotpot
在 海 外 的 中 国 火 锅

文：徐一丹　编：陆沉　图：黄梦真
text: Xu Yidan　edit: Yuki　photo: Huang Mengzhen

随着全球化的发展，越来越多的国人走向世界各地，中华美食如火锅也随之入驻各大洲。加之新兴技术的发明，火锅底料标准化制作得以实现，即便在跨越大洋和半球的异国他乡，也可以吃到原汁原味的火锅。一时间四川花椒辣椒的麻辣，老北京的涮羊肉的肥美，沿海的海鲜火锅的鲜香，飘散在了伦敦、纽约、温哥华等地的上空。

01 爽爽
Shuang Shuang
伦敦，英国

爽爽是坐落在伦敦唐人街转角处的一家招牌醒目的火锅店。和传统"一大锅"火锅不同的是，爽爽采取"回转式"，各式各样的新鲜食材像回转寿司一样，通过传送带运输到手边，不同颜色的碟代表不同价位。无论是一人前去，还是和三两好友，都能吃得自由爽快。

1st floor of, 64 Shaftesbury Ave, London W1D 6LU,the United Kingdom
Tel:+442077345416

02 文兴小厨
Four Seasons
伦敦，英国

位于中国城腹地，本是专做粤式菜点的文兴小厨推出了伦敦地区首创的胡椒猪肚鸡火锅，大骨汤底熬得雪白浓郁，胡椒颗粒辛辣刺激，猪肚和鸡腿肉在咕噜噜热气里翻滚。试想阴雨连绵的寒冬，走进这家狭长的小店，围坐在热气腾腾的小锅边，盛上一碗汤，涮上各式蔬菜，胃和心都能被暖到吧。

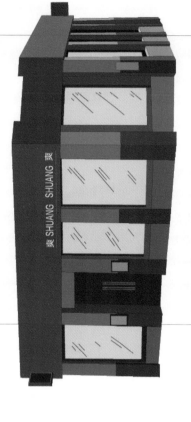

China Town, 11 Gerrard St, London W1D 5PP, the United Kingdom
Tel:+442072870900

05 天赐重庆火锅
Tianci Fondue Chongqing
巴黎，法国

巴黎地区一家主打重庆特色老火锅的名店。牛油熬制、一次性锅底，汤底原材料都取材于重庆本地，空运而来。采用十四味中药熬制五小时以上，配上辣椒、花椒等辅料。餐具和氛围给人一种在国内约火锅的感觉。鹅肠和笋片鲜好吃，小酥肉也是强推荐品。DIY蘸料，蒜泥、香菜、小米辣、蚝油、香油……难怪多次被网友评为"巴黎吃得到的最正宗的火锅！"。

145 Avenue Daumesnil, 75012 Paris, France
Tel: +33143460696

06 大火锅
Fondue 59
巴黎，法国

大火锅是由一家由武汉老板娘所开的比较新潮的火锅店，装潢很有设计感，法国人也爱来吃。一人一小锅，锅底选择面很丰富，鸳鸯双拼，番茄加牛油、骨汤加牛油，或者干脆小单锅纯新牛油底，都可以，排队时候就可以闻到飘出来的牛油香味。自助餐，实惠的价格可以吃到撑。店内还没有卡拉OK，唱累了吃一口，吃饱了再唱一首。

59 Rue de Cléry, 75002 Paris, France
Tel: +33659627381

141 Elderslie St, Glasgow G3 7AW, the United Kingdom
Tel: +447784385648

04 苏格兰调情
Jay's Grill Bar
格拉斯哥，英国

火锅的足迹也来到了北边的苏格兰高原上。这家店的特色在于，位于"狗岛"的地理位置相较在唐人街的火锅店们来说远了一些，但可爱型的牛油火锅小熊是独一无二的。小熊逐渐融化，锅底也越煮越香。手机先拍一张给这锅美味开个光吧！另外，这家店椰子鸡锅也广受好评，汤底清酣，肉质鲜嫩，"我们广东本地人都很不得天天去吃。"

火锅的特色在于，火锅和烤肉可以同时进行，完美实现"鱼和熊掌可以兼得"。店开的时间不算长，已经以五千多票的优势，荣夺了2018年英国地区火锅店评选的第一名。

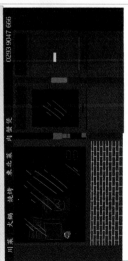

03 汉食府
Han Restaurant
伦敦，英国

东伦敦新开不久的以川菜和九宫格火锅为主的餐厅。位于"狗岛"的地理位置相较在唐人街的火锅店们来说远了一些......

213 E India Dock Rd, Poplar, London E14 0ED, the United Kingdom
Tel: +442039047666

08 海底捞 カイティロウヒナベイカブクロテン
东京，日本

海底捞应该是最无须赘述的火锅品牌了。不过走到东京池袋，不同的是，海底捞变得"豪华"不少；以至于网友感叹"回国再看海底捞菜单真是感动得想落泪"。尽管如此，日本朋友们还是相当喜欢，特别是海底捞的"功夫面""变脸"表演。当店员表演时，店内各种迷妹"すげえええ！"、"おおおお！"（好厉害啊啊啊）的崇拜声此起彼伏。

〒171-0022 東京都豊島区南池袋1-21-2 ヒューマックス パビリオン南池袋5·6F
Tel: +81359569666

09 小肥羊 Little Sheep Mongolian Hotpot
华盛顿，美国

小肥羊是开在海外很著名的火锅连锁品牌了。三种经典锅底：秘制原味锅、秘制香辣锅和秘制鸳鸯锅。除去传统肥瘦相间肌理漂亮的肉片，小肥羊其他菜品也很为有趣：弹牙的鱼包蛋、满满的汤汁和鱼子、炸鱼豆腐、外表酥脆，内里有嚼劲；外面裹一层细碎白砂糖的红薯饼，甜甜糯糯。是华盛顿吃火锅的好去处了。

6799 Wilson Blvd #10, Falls Church, VA 22044
Tel: +15714056947

07 锅色天香 Auciel
巴黎，法国

锅色天香也是巴黎超人气火锅之一，一人一小锅。特色的是辣去传统火锅菜品，它还提供螃蟹锅，先吃香辣蟹香辣虾，再加入别的食材。蟹肉丰满厚实，食材新鲜。据说，据说大咖如王菲赵薇也去过这家店。

19 Boulevard Saint-Martin, 75003 Paris, France
Tel: +33142747291

13 大味老火锅
Da Wei
Hotpot Restaurant
墨尔本，澳大利亚

又一家四川火锅开到墨尔本。招牌牛油锅，港式金汤、番茄鸳鸯锅，菌菇鸳鸯锅，锅底选择很多，吃辣不吃辣都可以找到真爱。有意思的是摆盘，餐具大多造型用心可爱，功夫熊猫托举着的麻辣排骨，竹签串着的鸡心加芹菜，摆得像花一样的土豆薄片……饭后甜点选择也很丰富，当之无愧的老火锅了。

279 La Trobe St, Melbourne VIC 3000, Australia
Tel: +6139606009

11 食立方
Shi Li Fang Hotpot
新加坡

食立方在新加坡是人气非常高的一家火锅店了。从14年开业起，三年里扩展了九家新店，生意红火。黄金地段，海鲜类丰富，价格偏多，十块新元吃到饱。最有特色的一点是，店内采用机器人送餐，还可以为客人唱生日快乐歌，吸足了人们特别是小朋友的眼球。

City Square Mall, 180 Kitchener Rd #02-53/54
Singapore 208539
Tel: +6566367899

12 小龙坎
Xiao Long Kan
Hotpot Restaurant
墨尔本，澳大利亚

作为在国内就要排队几小时的高人气火锅，小龙坎开到澳大利亚自然是对当地好吃客们的好消息。鸭肠、毛肚、肥牛、鸭血……成都当地的菜品被原封不动的精心搬到了另一个半球。除去火锅，软糯香甜的红糖糍粑，辣到嘴唇发红后再一勺缀着葡萄干和西瓜籽的冰粉，大呼过瘾。烟火气满满的大红灯笼，赤色高背大师椅，大门口古朴大气的浮雕盘龙，值得一探。

959-963 Whitehorse Road, Box Hill, Melbourne, VIC, Australia
Tel: +6138683426

10 香天下
Xiang Hotpot
纽约，美国

纽约川菜馆越开越多，麻辣鲜香的四川味在香天下火锅的入驻后愈发浓烈了。黄金地段，装潢古朴大气，晶亮的黄铜大锅里九个格子里厚厚的红油和辣椒子，配上用骨头、老鸡熬制的浓醇汤底，麻辣鲜香，馥郁扑鼻，视觉和嗅觉大开食客胃口。"真的和在成都吃的味道一样！"，在纽约留学的家乡朋友感叹道，"吃到第一口时候觉得，真幸福啊，像回家了"。

136-20 Roosevelt Ave #2m, Flushing, NY 11354
Tel: +17185219999

Chinese Hotpot
Abroad

16

55蒸汽船
55 Steamboat
新加坡

墙上可见斑驳的红砖纹路，裸露着钢铁的结构，却又悬挂着柔美明亮的伞形吊灯，工业风又小资的装修，55 steamboat被戏谑地称作"一家伪装成咖啡厅的火锅店"。据说因为老板对设计与美有很高追求，于是亲手打造了这么一个吃火锅也要"讲究情怀"的火锅空间。吃火锅这么一件看起来很随性豪爽的事情，在这里也变成了一种富有浓厚小资情调的精致细腻体验。

55 South Bridge Rd, Singapore 058686
Tel: +6565337608

15

味蜀吾
Weishuwu
Richmond Hotpot
温哥华，加拿大

成都火锅也入驻了温哥华，这家据说是"最正宗最有特色的四川火锅店"。店内装修走了流行的文化潮路线，随处可见用心的小细节，环境舒适，带有特色的四川火锅店。特色菜品是自家腌制的牛肉，火焰牛肉，赤露牛肉，坨坨牛肉，是别家火锅店吃不到的美味。

200-4200 No 3 Rd, Richmond, BC V6X 2C4, Canada
Tel: +16042706372

14

大妙火锅
Da Miao Hotpot
新加坡

不同于传统火锅的厚重牛油锅底，大妙火锅主打健康绿色植物油的火锅理念。盖碗茶、四方锅、红灯笼、竹编灯…店内装潢让人一秒回到国内，与三五好友一起涮火锅的日子。红锅味道入口先是香，然后是麻，接着是辣，层次感非常丰富；白锅里面料很足，各种菌菇、干贝在里面一起熬，味道鲜美。必点的是鲜毛肚，轻轻涮一下，爽脆入味。

3C River Valley Rd, Singapore 179022
Tel: +6562509969

20 火锅英雄
The Hero Hotpot
马德里，西班牙

这家马德里市中心的火锅店是由两个在西班牙留学的"重庆崽儿"联手经营起来的。"是西班牙最辣的火锅了"，网友点评道。有趣的是，一进店便可以看到挂在墙上的书法大字，"巴适"和"雄起"，不禁让人在异国他乡回忆起涮涮惬意的川渝气概。

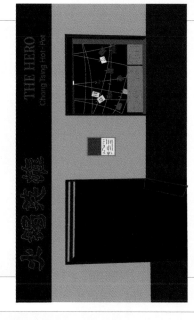

Calle Álamo, 5-7, 28015 Madrid, Spain
Tel: +34810528989

19 弗二我
불이아 대학로점
首尔，韩国

弗二我是开在首尔大学路的一家麻辣火锅店。锅底有传统的鸳鸯锅或是纯红锅，菜品一般是按人数套餐来点更为划算，如牛肉套餐、海鲜套餐等皆包含餐来和疏菜。即便在韩国各种部队锅的包围下，中式麻辣火锅依然生意红火。

서울특별시 종로구 동숭25-10
Tel: +825176689

17 宽窄巷子
Xiang Zi Hotpot
多伦多，加拿大

宽窄巷子位于温哥华Birchmount附近，过去这里是一个空荡荡的仓库，如今被打造成了青砖黛瓦颇有古风的高端火锅店。成都的著名景点宽窄巷子被复刻到了北美大陆上，与此同时还有令人垂涎的四川火锅。从火锅食材到小吃甜点冰激凌，种类都很丰富，味道正宗。装修很"土豪"，价格偏高。

3989 Highway 7 East, Markham, ON L3R 5M6, Canada
Tel: +19053059888

18 老翡翠火锅
Old Crystal Jade
Hotpot Restaurant
墨尔本，澳大利亚

老翡翠火锅是墨尔本地区正宗的粤式火锅。相较于四川火锅的麻辣，粤式火锅更注重锅底的醇厚鲜美。可以选择鸳鸯锅，麻辣鸡汤与人参鸡汤各占一半，一辣一清搭配合适。从食材来说，主打的六种丸类皆包含适合有选择困难症的朋友，手打丸拼盘其中有：黑松露丸、蟹皇丸、三文鱼丸、墨汁鱼丸、虾丸、牛筋丸，点一份就可以尝个够了。

3-5 Waratah Pl, Melbourne VIC 3000, Australia
Tel: +61396621949

在海外的中国火锅

特集

知中

关于火锅的一切！

ALL ABOUT HOTPOT! ISSUE

集